# 食品産業の未来

ネスレ名誉会長
ピーター・ブラベック-レッツマット
Peter Brabeck-Letmathe
小川敏子 訳

# Nutrition for a Better Life

A Journey from the Origins of Industrial Food Production to Nutrigenomics

# ネスレの挑戦

日本経済新聞出版

NUTRITION FOR A BETTER LIFE
A Journey from the Origins of Industrial Food Production to Nutrigenomics
by Peter Brabeck-Letmathe


Originally published in the German language by Campus Verlag GmbH.

Japanese translation rights arranged with Campus Verlag GmbH, Frankfurt
through Tuttle-Mori Agency, Inc., Tokyo

# SDGsを事業戦略に組み込む――日本語版の刊行にあたって

2019年、わたしは、日本経済新聞社が主催する「世界経営者会議」の登壇者のひとりとして「栄養」をテーマとするスピーチをおこなった。それは、まさに本書をベースとした内容だった。スピーチに続いて設けられた質疑応答の時間には、国際連合が採択した持続可能な開発目標(SDGs)について日本の企業経営者たちがいかに深い関心を寄せているか、具体的な実行に向けた強い熱意を抱いているかを感じた。また、日本のSDGsスタディグループが催してくれた昼食会では、出席された企業幹部の方々の議論の内容の濃さに深い感銘を受けた。

こうした経緯があったため、本書の日本版を出版すること、SDGsとその実行について日本語版の序文としてまとめてほしいというお話をよろこんでお引き受けした。SDGsは、民間や社会、政府が世界のために、より包括的で平等主義的な開発をおこなおうとする際に最も価値ある多国間枠組みである。

これまでの国連開発目標との大きな違いは、その構想と確立にあたって国連と複数のNGOを含む国際組織のみがかかわり、経済的な利害関係者である特定のセクターの関与がなかった点にある。経済の利害関係者が関与していないのだ。このことが、大きな成果をもたらすことを可能にした。

とはいえ、目標設定は、それを実行に移すパートナーをまじえた協議なしに現実的なものにはなり得ない。そこで初めて民間セクターを迎えた審議がおこなわれ、最終的に目標が設定された。

わたしは「2030年 水資源グループ」の議長として、水に関連するテーマの提案、たとえば、衛生や排水処理といったテーマについて積極的に擁護し、そのための目標を設定すべきだと主張した。持続的な水の供給は、人類と環境にとってきわめて重要なテーマだ。幸いにも提案は取り入れられ、最終的に「目標6」となった。「2030年 水資源グループ」は、もともと世界経済フォーラム（WEF）で、後に世界銀行傘下の国際金融公社（IFC）で活動するマルチステークホルダーで構成された官民イニシアチブである。

## 株主だけでなく社会のために価値を創造する

SDGsは、ビジネスや政治、社会にとって最も重要な枠組みである。そう考える理由を話そう。SDGsは、あらゆる人がよりよい暮らしを営むために、きわめて重要な複数の領域を含む包括的なアプローチである。たとえば、$CO_2$排出量削減という目標を設定した場合、それを達成することによって、バイオ燃料や水の消費などといった課題をさらに増やしてしまう可能性がある。

また、常に人間を中心に据えているSDGsは、より人道主義的で包括的な「ステークホルダー資本主義」の基盤でもある。加えてSDGsは、わたしたちがこれまで見過ごしてきた地球環境を回復させることを目的に掲げている。そのためには、なんとしても再生型経済を実現させなくてはならない。

貴重な天然資源を、その価値にふさわしくない節操のないやり方で消費して利益を生み出し、儲けた金で償うという発想は、もはや通用しない。企業の社会的責任としてこれまで掲げられてきたのは「社会に返す」ことだったが、これこそ、価値あるものを節操のないやり方で奪い、儲けた金で償うという発想である。これはまちがっている、とわたしは声を大にして言う。

企業が株主価値を持続的に創造していくためには、「社会のための価値創造」を事業戦略に組み込む必要がある。業績の達成と社会への貢献、この2つが両立して相互に強化し合う戦略が必要なのだ。だからこそ、民間企業がSDGsを事業戦略に組み込めば、顧客への価値提案と持続可能な事業開発の相乗効果が生まれ、株主と社会の双方にとってメリットとなる。

わたしが10年以上前に「共通価値の創造（CSV）」を表明したのは、まさにこうした考えによるものである。株主と社会のために価値を創造することが、企業の長期的な成功につながる。共通価値を創造する事業を成功させるには、焦点を絞り、優先順位を定めて、社会に最もよい影響を与えられる領域を決める必要がある。わたしがネスレのCEOを務めていたときは、「栄養」「農村や地域の開発」「水資源」の3つの領域に定めた。

また、共通価値の創造においては、コンプライアンスと敬意を重んじる文化、環境や社会、財政の持続可能性に対する強い決意が事業活動の根底にあるかどうかも問われる。

取締役会に課せられる責任は重大だ。長期的な価値創造のための組織能力とその優先順位を常に厳密に査定することが求められる。取締役会は、環境、社会、ガバナンス（ＥＳＧ）のスチュワードシップとエンゲージメントにおいて責任を果たせているだろうか。投資家からの要求は強くなるばかりだ。事業戦略は、長期的な価値創造に沿うとともに、企業の社会的な目的に即したもの（ＳＤＧｓのロードマップに定められているようなもの）となっているだろうか。

企業という存在は、単に株主価値を生み出すだけでなく、人と社会の希望を叶え、願望を満たすものでもある。したがって、企業のパフォーマンスを評価するためには、株主へのリターンだけでなく、環境や社会、ガバナンスにおける目標達成も見る必要がある。

世界経済フォーラムの国際ビジネス評議会が、世界共通のＥＳＧの報告基準の策定においてすぐれたスチュワードシップを発揮していることは心強い限りだ。ビッグ４（４大会計事務所）とともに、主要報告書において財務情報だけでなく非財務情報を評価するために必要なグローバルレベルでのコアセットづくりが進んでいる。

共通する基準が整えば、長期的な価値創造の客観的な報告が出せるようになる。これは、取締役会や経営陣にとって朗報となるだろう。事業計画にＳＤＧｓを組み入れ、それに沿って経営する、投資家や社会と協同して公平で包括的、持続可能な社会の実現に貢献していくことができるのだ。

# 食品産業の未来　ネスレの挑戦　―　目次

**序文**（パトリック・アービッシャー）　9

**はじめに**　17

**食品の未来**――個別化、科学的基盤、効率的な資源活用、それぞれの責任　21

## 第1章 未来の栄養　23

消費者を動かすグローバル・メガトレンド／食品科学から得られる知見を活用する／生命科学――新たな解決策をもたらす科学の新領域／コラム：さまざまな研究領域

## 第2章 食品の工業生産、その始まりから今日まで　47

「飢え」という妖怪が世界を支配するとき／工業化がもたらした繁栄／ベビーブーマーたちの時代の後、何が変わったか／世界の食品メーカーの取り組み／研究の発展――最先端のニュートリゲノミクスまで

第3章
## 増え続ける人口の健康と命を守る 97
食品業界に影響をおよぼした社会の変化／食べ物で健康を維持する／グローバルな食品業界の構造

第4章
## 生命科学がもたらした革命 125
特定のグループごとに最適な食事を／身体の機能を徹底的に解明する／研究の目的は健康長寿

第5章
## 食品メーカーの未来――ネスレの挑戦 149
消費者によろこんでもらうことをめざして／スペシャルティ・フードとウェルネス・フードの成長市場／栄養療法／適切なタイミングと適切な対象を絞り込む

第6章 政府と市場の役割 165
健康管理による予防とグローバルヘルス／フェアな競争を政策に

第7章 求められる食習慣の変化 173
わたしたちの意志が及ぶこと、及ばないこと／伝統、食生活の神話、イデオロギー／社会環境と食習慣の変化／栄養の知識で健康に

第8章 未来に向けて何ができるか 205
いま可能なこと、実現できること

謝辞 211
注 220
参考文献・資料 239
索引 243

装幀——松田行正

# 序文

パトリック・アービッシャー

国際連合の経済的、社会的、文化的権利委員会（ＣＥＳＣＲ）が食糧の権利を定義したのは約20年前のことだ。それは、「すべての人が、ひとりでいるときも共同体のなかにいるときも、持続可能な方法で生産された、その人にとって適切な食料に、十分に、物理的・経済的にいつでもアクセスできる権利、そして未来の世代が食べ物にアクセスする権利を守る」ことを指す。「適切な」「アクセスできる」「持続可能な方法」と、実に野心的な内容だ。こうした人々の食べ物への権利が定義される一方で、科学者たち（特に当時のイギリス政府首席科学顧問のＪ・ベディントン）は、２０３０年までに食べ物の需要が50％、エネルギーは50％、水は30％増加し、世界は破滅的な状況に襲われるだろうと予測する。２０１５年時点で、依然として世界で7億９３００万人が飢えている。２００７年には9億２７００万人だった。この破滅的な状況と戦うには、イノベーションや政策、行動の変化が必要となるだろう。科学とテクノロジー、大学と企業に寄せられる期待は大きい。

２０３０年には、世界のすべての人間（85億人）が公平に、持続可能な方法で健康的な食生活を送ることができるだろうか。明るい面を見れば、最も深刻な形態の飢えは世界的に減少している。世界の飢餓人口は1990～1992年に10億人あまり、全体の18・9％だったが、2011～2013年には8億4200万人、全体の12％にまで減った。将来増加する人口のための食料をまかなうには、世界中で農業の生産性を高める必要がある。貧しい農民の場合は、なおさらだ。また、栄養価が高く、安全で、手ごろな価格の食品を提供するためには、加工方法とパッケージの革新が欠かせない。廃棄ロスを減らす、ストレス耐性のある作物をつくる、水や肥料、新しい殺虫剤を賢く使って環境汚染を防ぐことも必要である。そのすべてを実行する。飢餓と栄養不足に対処するために生産性を高められるかどうかを考える段階ではなくなっている。どうやってそれを実現するのかを考えなくてはならない。収穫高を増やすだけでは足りない。

「新たな」緑の革命を起こすしかない。前回の緑の革命は、生産主義のパラダイムに突き動かされ、環境に高い負荷をかけるテクノロジーに頼っていた。これからは、レジリエンスと持続可能性、そしてウェルビーイングだ。生産主義に加えて、というべきか。難問を解くには、科学の総力を結集して適切なテクノロジーを駆使する、農業従事者や業界、消費者の知恵と行動が求められる。

いま世界では、すべての人に行き渡るだけの食料が生産されている。それでも多くの人々が飢餓に苦しんでいる。飢えをもたらすのは貧困だ。貧しいから食料を買えない。「フードシステム」にも原因がある。せっかく食料をつくっても、3分の1は害虫に食べられるか、腐ってしまう。農業をもっと効率化しなくてはならない。

医療は、「予測的」「個別化」「予防的」「患者参加型」へと移行している。このアプローチを農業にも取り入れられないだろうか。スマート農業として、地元の知恵と最先端の科学、適切なテクノロジー、ビッグデータ、農業従事者、スマートフォン、企業を結ぶ。「精密農業」は、収穫高を上げるための作物の遺伝子型の改良や、的確な施肥、適切な栄養比率、灌漑のスケジュール、地理空間情報での土壌管理、害虫と病気への適切な対応を実行する。インプットを最適化することによって資源効率を最大化する。

農業の形態はひとつと決まっているわけではない。複数が共存すべきである。そのなかには、地元で営まれている有機農業も含まれる。2050年には3人に2人が都市で暮らすようになることを踏まえて食料システムに適切な投資をおこない、インフラや包装、加工施設、流通経路を強化する。増える一方の人口に対して、環境に配慮しながら食料を供給するには、遺伝子工学と有機農業が欠かせない。

コフィ・アナン元国連事務総長は、デジタル技術を活用して、アフリカの無数の小規模農家を進歩させようと固く誓った。彼らの深刻なまでの孤立状態が、進歩を阻んでいたのである。最高の農学を実践できれば、小規模農家がアフリカ大陸を十分に養っていける。「だが、大半の農家は改善できていない。改善できることを知らないからだ」とコフィ・アナンは言う。「デジタル技術によって小規模農家とつながり、彼ら自身の組織化を促すことができれば、ふたたび農業革命を起こせるポテンシャルが生まれる」。生産性を高めた「緑の革命」に対し、「緑のデータ革命」によって、よりスマートでフレキシブルな、そしてレジリエントな食料システムが誕生するだろう。

精密農業と、適切な知識と実践、緑のデータ革命がひとつになれば、こわいものはない。ハイテクと地元農家の改善がしっかりと結びつくのだから。ささやかだが、わかりやすい例を挙げよう。南スーダンでネスプレッソと非営利組織テクノサーブがおこなっている活動だ。農家が、協同組合を設立して資金を集め、インフラに投資し、栽培したコーヒーを輸出して収入を得るしくみづくりに挑んだのである。地元のサヴォワールフェール（訳注：地元に受け継がれたノウハウ）と最高のテクノロジーが結びつけば、実現できるのだ。2年足らずのうちに、3つの協同組合がコーヒーを輸出するところまでこぎつけた。南スーダンで30年ぶりのコーヒーの輸出である。

科学の力で、食の安全と農家の自立を実現することができる。「国連が2015年に持続可能な開発目標（SDGs）を採択して以来、栄養対策は大転換した」と語るのは、食の権利に関する国連特別報告官を務めるオリビエ・デシューターだ。それまではもっぱら、低栄養の緩和と食の安全対策に力が注がれていた。それが、食の品質や、公正、食料システム、あらゆる形態の栄養不足へと幅が広がった。栄養不足は、公衆衛生上の重大な問題である。社会で最も弱い立場にある人々、すなわち子どもや高齢者、病人、社会的孤立や金銭的な窮状から傷病に苦しむ人々に追い打ちをかける。アメリカで入院する成人患者の30〜50％が栄養不足であると思われる。世界保健機関（WHO）によれば、2012年、必須栄養素であるビタミンとミネラルが不足している人は世界で20億人に達していた。

この栄養不足の問題に、科学と食品業界は協同してどう立ち向かうのか。科学的研究の領域では、栄養研究にゲノミクスのツールを取り入れた「ニュートリゲノミクス」が、栄養と代謝経路の関係や、食料不足を経験した遺伝子と慢性疾患の関係、ひとりひとりの体内における栄養素の働きの差を解明しようとしている。いずれ効果的な食事療法が開発されるだろう。食品業界は、個人あるいは特性を持ったグループを対象とした製品を消費者に受け渡す重要な役割を果たすことになる。

栄養素の不足対策として、まずは食品の品質を上げる。食品科学と食品工学の知見を活用すれば、より健康的な食料生産が可能となる。とはいえ、加工食品への風当たりはなおも厳しい。「現在消費されている食料のほぼすべてが加工食品である」という認識が非常に薄いのだ。古代ギリシャの人々の食を支えたオリーブオイルやワイン、パンは、いずれも加工された食品だ。現代の食料システムは、食品ロスの低減や、幅広い需要に対応した保存方法、すぐれた栄養成分、利便性、選択肢の多さなど、つい忘れてしまいがちだが、わたしたちに数多くのメリットをもたらしている。誰もが最高の栄養状態を保ち、栄養不足を過去のものとするために、あらゆる手立てを講じよう。食品工学は、ナノテクノロジーやバイオテクノロジー、コンピュータサイエンス、認知科学の知見を結集させて新たな道を切り開いている。フードストラクチャリングや、パッケージエンジニアリング、消化器系シミュレーションとモデリング、栄養素のバイオアベイラビリティ、満腹のメカニズムの解明、遺伝的素因の役割の解明などもその一部である。

大手食品メーカー各社も、食品工学の担い手として大いにかかわっている。大企業の研究センターでは、商品の最先端の研究が進行中だ。大学と食品業界の協力で成り立つのが食品科学の領域である、といってもいいくらいだ。栄養研究の成果は、消費者と病人に届いてこそ意味がある。研究が進むには、優秀な人材と高額な設備が必要であり、それを提供できるのが大学である。食品科学は、高い専門能力を持つ人材にとってたいへん魅力的な分野である。大学や食品業界に加えて、料理の専門家（シェフ）の活躍も、これからの食品科学には欠かせないものとなるだろう。人は食べ物に栄養成分だけを求めているわけではないからだ。

スーパーブロッコリーやオリゴ糖プレバイオティクス、ヨーグルトのラクトバチルス・アシドフィルス・プロバイオティクス、全粒穀物を豊富に含む食品、低グルテン食品、アレルゲンを含まない食品、ポーションごとのパッケージなどは、最先端の栄養工学の成果だ。残念なことに栄養工学は、食べ物を栄養成分に削ぎ落とす「栄養主義」であると誤解され、「自然食品」との対比で語られることが少なくない。料理油に使われる人工のトランス脂肪酸など、過去には不幸な事例もあったが、加工食品全体を攻撃するべきではない。シェフのアンソニー・ワーナーの言葉を紹介しよう。「食べ物が身体にいいものかどうかは、どこで採れたかではなく、それが何を含んでいるのかで決まる。……自然食品は健康と同義語ではなく、加工食品は不健康と同義語ではない。新鮮な食べ物や、完全な手づくりはすばらしい。そして事実は、さらにすばらしい。科学者や政治家、健康の専門家、ジャーナリスト、シェフがすべてのインスタント食品を敬遠する立場を貫いたとしても、時間に追われる現実を生きる人々の目を反らすだけで、変化など何ひとつ起こせないだろう」

いまこそぜひ、ピーター・ブラベック-レッツマットの本をお薦めしたい。わたしたちはいま、新しい、しなやかな食料システムをどのようにつくるのか、健康と持続可能性をいかに両立させていくのかという課題に直面し、データを活用した農業革命に一歩一歩近づいている。今世紀中に90億人、あるいは100億人が食べていけるように、持続可能な方法で、誰もが健康な食生活を送れるようにしなくてはならない。これは大仕事だ。ピーター・ブラベックの独創的な洞察は、その大仕事に取りかかるための貴重な貢献である。

# はじめに

人間にとって最大の願いは、健康で長生きすることに尽きるだろう。その実現まであと一歩のところに、わたしたちは近づこうとしている。19世紀半ばを境にアメリカとヨーロッパでは、社会全体でめざましく健康状態が向上した。新生児の平均寿命は倍増した。イギリスとドイツでは1871年にそれぞれ41歳と37歳だったが、2015年には80歳になった。同じ時期、日本では37歳から85歳に延びている（注1）。世界全体の平均寿命は1820年に26歳（注2）、2013年には71歳だった（注3）。

確実にいえるのは、この時期を通じて人々の栄養状態はよくなった。栄養価が高く、安全で、質のいい食品が都市や地方の人々に十分に行き渡るようになった。それを支えたのが、食品の工業生産と物流の発達だ。また、感染症との戦いや衛生面においては、薬の開発が大いに成果を発揮した。

一方、欧米だけに限らず世界全体で、社会は豊かになった。1996年までの高度産業化社会においてカロリーの供給量と寿命の延びの相関関係は明らかだが（図表1）、それ以降は、カロリーの供給量は増えたものの、寿命の延びを示すグラフは横ばいとなっている（注4）。

**図表1　平均寿命とカロリー摂取量の相関関係**

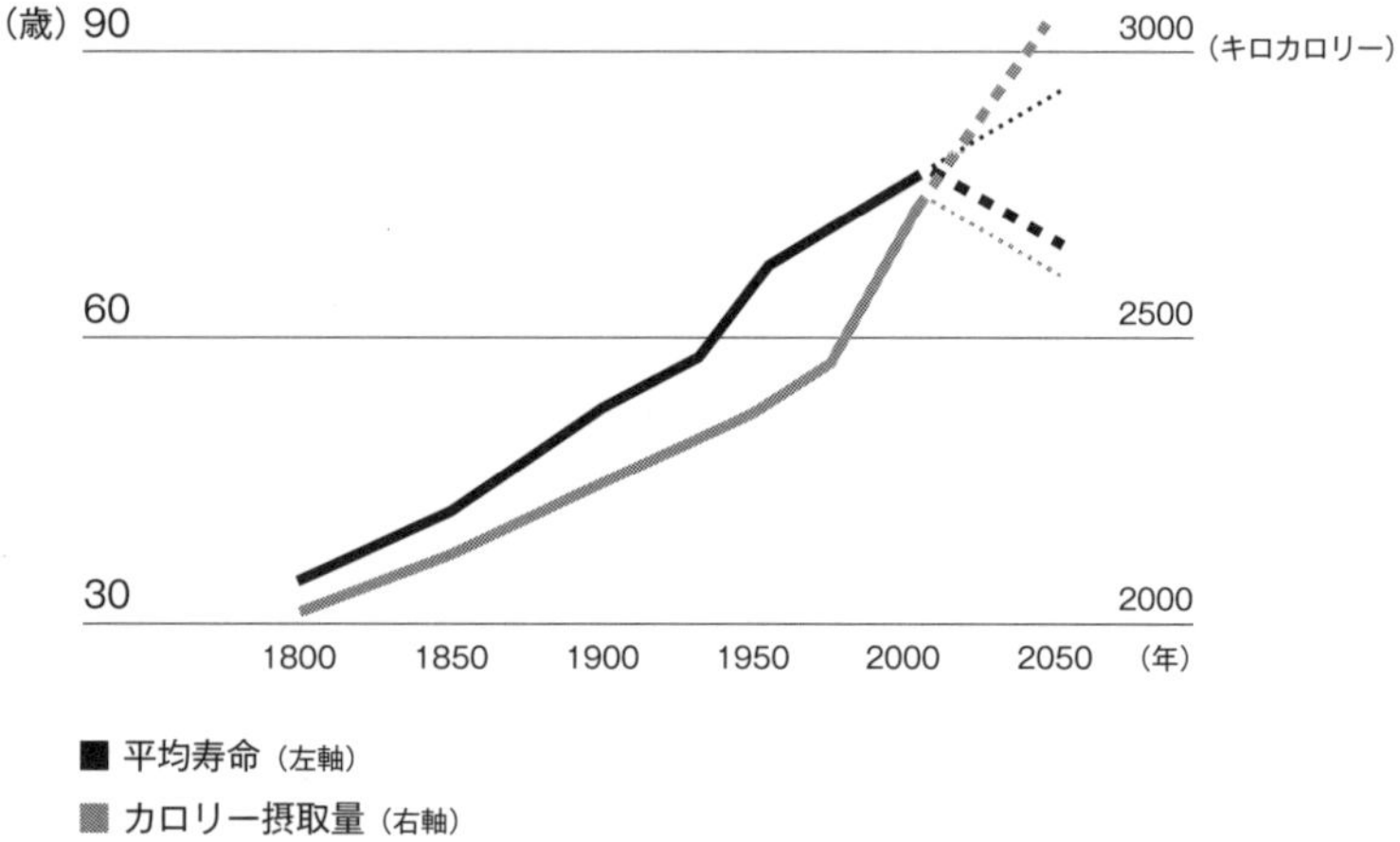


この数十年に限って見ると、食料生産量の増加は、欧米の豊かな社会の人々にとって、必ずしもよい結果をもたらしていない。循環器疾患や糖尿病、肥満など、豊かさゆえの病気が増え、歳を重ねるごとにアルツハイマー病を発症するリスクが高くなる。食品を製造し送り出す側は、変化を余儀なくさせられている。単に食品の糖分や塩分、脂肪分を減らすのではなく、新たな知見をもとに新しい特性を備えた製品を提供することが求められている。

わたしたちのはるか昔の祖先も、食生活と健康には関係があると気づいていた。その認識だけで、人々は何世紀ものあいだ手さぐりで薬をつくった。医学の知識は、もっぱら観察によって積み上げられていた。科学的な裏付けもなしに健康長寿を謳うというパターンはいまも廃れたわけではないが、身体の機能がほとんど解明されていない時代には、効果のない治療やアドバイスがあふれていた。

生命科学の各分野で研究が進むとともに、食生活と健康についての関係も解明が進み、いまや新たな次元に達している。それを活用してわたしたちが習慣を変えれば、健康状態を最適に保ち、防げる病気もある。しかも、これはまだ序の口なのだ。

これからの数十年で食品業界は、「健康」を切り口としたイノベーションの波を起こすだろう。さまざまな状況で生きる人々の健康状態が、先進的なテクノロジーによって軒並み改善されるだろう。21世紀の急性および慢性疾患の予防と治療には、科学的知見をもとに個別化した「栄養」が大いに効果を発揮して、医療費の削減も実現できるだろう。

本書の内容を6つの項目にまとめた。

第1章では、消費者と食生活の傾向について、これまでの推移を振り返り、社会の変化や発展との関係を考察して今後のトレンドを考える。続いて、食料生産の推移や、その背景にある消費者のニーズ、環境への配慮、資源保護について述べる。生命科学の新しい領域についても手短に紹介する。

自動車やコンピューター、そして多くの日用品が工業生産され、すばらしい結果をもたらしている。エンターテインメント業界でも工業生産を取り入れており、高い評価を得ている。ところが、食品業界の工業生産に関しては、いまの時代、いっそう風当たりの強さが感じられる。そこで第2章では、食品業界の歩みをたどり、人類の進歩にどのように貢献してきたのか、未来を切り開くために乗り越えるべき課題について紹介する。

第3章では、現在の世界における食料事情を、社会の発展と変化という側面から見る。

第4章では、食品研究を取り上げる。さまざまな発見がメディアをにぎわせ、一般の人々の注目を集めている。なかには、すでに判明している事実や推奨されていることをなぞるだけという例もある。各々の研究領域で競争に勝つためにあえてショッキングな見解を表明するケースもある。めまぐるしい情報発信の結果、消費者は何を信じればいいのかわからなくなってしまう。

そこで、第5章では食品業界の責任について、第6章では政治の、第7章では個人の責任について考える。第8章では今後の展望をまとめた。

本書で未来を描くことはできないだろうかと、わたしは考えた。SF小説やSF映画のような想像の世界ではなく、現在の研究成果をもとに未来の世界をのぞいてみよう。研究成果は数年のうちに実用化され、食料生産は革命的に変わる可能性がある。健康長寿という人類の夢が夢でなくなる一歩手前まで近づくチャンスだ。これを逃す手はない。

わたしが何をどのように考え、行動に移すのかについては、フリードヘルム・シュヴァルツ著『知られざる競争優位――ネスレはなぜCSVに挑戦するのか』（ダイヤモンド社）をご覧いただければと思う。

２０１６年９月　スイス、ヴェヴェーにて

ピーター・ブラベック－レッツマット

## 食品の未来——個別化、科学的基盤、効率的な資源活用、それぞれの責任

### 1　課題

健康で長生きしたい。誰もがそう願う。その願いを叶えるには、食生活を一から見直すことが重要だ。世界の人口は増加するばかりである。皆が健康的な食生活を送るには、食料生産に新しい科学的知識を取り入れる、健康長寿に適した食生活を実践する、天然資源を効率的に活用するフードシステムを実現する必要がある。

### 2　方法

一口に健康的な食生活といっても、ひとつの方法が万人に有効なわけではない。それぞれの特性に合った食生活がある。たとえば、年齢や生活状況、遺伝的あるいはエピジェネティックな変異による体質など、特性ごとに人はさまざまなグループに分かれる。

### 3　科学の責任

生命科学の研究は、人の生物学的機能と栄養、健康とのつながりを解き明かす。わたしたちは新たな知見を獲得できるだろう。

**4　食品業界の責任**

生命科学の研究を通じて得た科学的な知見をもとに、食品業界はさまざまな特性に応じて個別化した製品とサービスを開発し、提供する。これは、資源を保護し、可能な限り多くの人々が恩恵を受けられるようにするという使命を果たすためである。

**5　政治の責任**

社会制度と医療制度は、病気の「治療」から「予防」へと軸足を移す必要がある。資源の効率的な配分や包括的なイノベーションを促すのは市場の役割である。

**6　個人の責任**

ひとりひとりが、暮らしと食生活の質を積極的に高めていくことが求められる。教育機関やメディア、食料生産と加工の担い手、販売業者は、それを実現できるように支援しなければならない。

# 第1章 未来の栄養
## On the way to nutrition of the future

食の未来は変わる。科学的な研究が進み、食料生産が進歩し、消費者の行動がこの先も変わり続けることで、いやおうなく変化していく。これからの20年で、消費者の行動と習慣は過去60年とは比べものにならないほど、めまぐるしく変わるだろう。それも世界全体で。その背景には、富も知識も増え、数十年前には想像もつかなかった方法で食料を生産できるようになったことが挙げられる。

とはいえ、繁栄は進歩だけをもたらすわけではない。歴史を見てもそれは明らかだ。多くの問題も生じる。企業各社はグローバル化という挑戦を突きつけられている。わたしたちひとりひとりもグローバル化に適応していくことが求められる。たいていはよい方向に進むとしても、難題も待っているだろう。

食品メーカー各社は、世界で増え続ける人口に食料を供給すること、そして細分化が進む消費者のニーズを満たすことを両立させなくてはならない。60年前は、よいものをより多くつくることが食品業界の目標だった。しかし、いまや持続可能性や資源保護、環境問題など、幅広い課題に取り組む必要がある。もちろん、消費者や政府の意向を受けてという理由もあるが、何よりも、食品業界の未来がかかっているからだ。状況の変化にすみやかに対処できるかどうかで、この先の成長が決まる。第2次世界大戦後の数十年間もちょうど同じ状況だった。

1980年代、科学の新しい研究領域が続々と産声をあげた。その研究の成果がいよいよ実用化される段階を迎えた。新たな知見を活用して、健康長寿という人類の夢に近づこうとしているのだ（図表2）。

## 消費者を動かすグローバル・メガトレンド

ギリシャの哲学者へラクレイトスの言葉「万物は流転する」は、トレンド研究の指針となる。この世界は常に流動的なのだが、ほとんどの人がそれを意識しないのは、ひとりひとりが流れの一部になっているからだ。グローバルな社会の奥深くで生まれる変化と進歩は、海流のように強大な力へと成長していく。

メガトレンドはゆっくりと時間をかけて、やがて世界を根本から変えていく。たとえば、アップルのｉＰｈｏｎｅの新機種はトレンディな製品だが、それが市場に登場したからといってトレンドやメガトレンドにはつながらない。一方、1990年代前半に始まったモバイルコミュニケーション（移動体通信）は大部分の人の暮らしを根本から変えた。まさしくメガトレンドである。携帯電話もインターネットも、まだまだ普及していなかった1982年に、トレンドの研究者であるジョン・ネイスビッツはメガトレンドの到来を予見していた（注1）。10年後の1993

図表2　次の段階——より広範囲な健康状態の向上に向けて

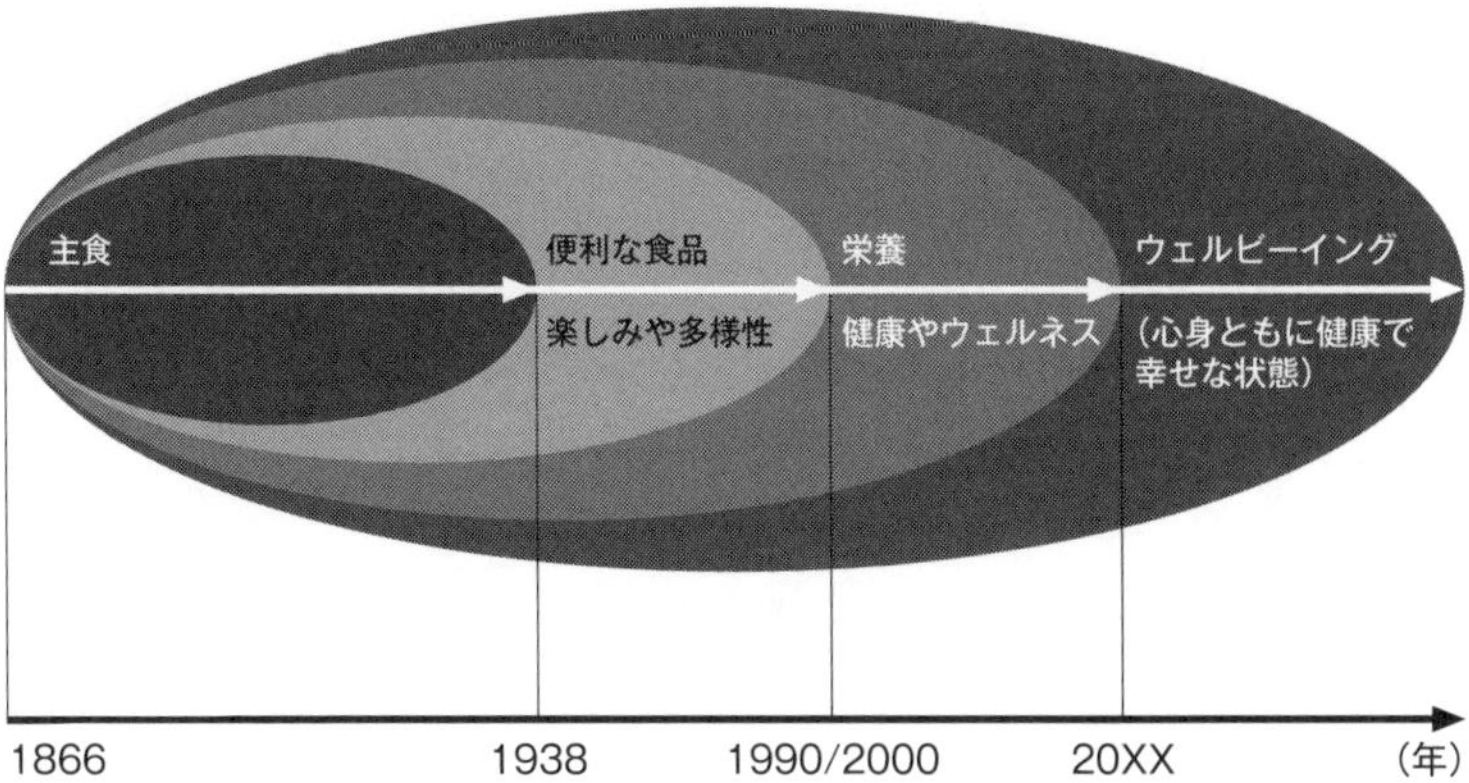


年に携帯電話接続者は3400万人に達し、2015年には世界中で70億8500万人となった。これは、世界の人口（73億人）とほぼ同じ台数の携帯電話が存在しているということだ(注2)。

こうしたメガトレンドによって、わたしたちの未来の食生活のトレンドが決まっていく。一方でトレンドの研究者は、食習慣の変化に注目して新しいメガトレンドを予測する。未来の食を予測するうえで、ぜひとも押さえておきたいメガトレンドを挙げてみよう（図表3）。

・高齢化の進行
・慢性疾患の増加
・先に挙げた2項目にともない、健康意識が格段に高まる

さらに、都市の住人が増え、都市が膨張して

いくことも、未来の食習慣に強い影響を与えるだろう。より多くの食料を供給することが必要になる。また、グローバル化で人々のニーズと選択肢が増えて、新しいライフスタイルがあらわれる。「暮らしの個人化」だ。このトレンドも、人が何を、いつ、どこで食べるかに大きく影響する。

## 進む高齢化——人はずっと長生きになる

すべての大陸で、人はいままでよりもずっと長生きになる。先進国、新興国、途上国ではこの傾向が始まる時期に差があるので、高齢化の速度も違ってくる。高齢化が急速に進むと、社会制度が追いつかない。そして食品メーカーにとっても試練となる。科学の発達にともない、赤ん坊から高齢者まで、それぞれの状況に合った食品を提供する能力が求められる。

世界の人口は、2050年には97億人に達するといわれている（注3）。現在60歳以上の人口は世界で約8億4100万人だが、2050年には20億人を超えているだろうといわれる。そのうち80歳以上が3億6000万人、100歳以上が3億人となる見込みだ。2020年には、人類が始まって以来初めて世界全体で5歳未満よりも60歳以上の人口が多くなる、という予測もある（注4）。高齢化は、世界全体が豊かになっているという事実を反映している。栄養状態がよくなり、医療が広く行き渡る。現在は、世界全体で2億人の人々が、極貧状態から物資に不自由しない暮らしに移行中だ（注5）。

**図表3　世界における健康のエコシステム**

**5人に1人が65歳以上に**

先進国の7割で、50歳以上の人数が50歳未満の人数を上回る
中国では65歳以上が2億人を突破する
・高齢者のニーズに即したヘルスケアシステムが必要になる

**5人に3人が慢性疾患で命を落とす**

アルツハイマー病の患者数が5000万人に
世界全体の成人の7％が糖尿病を患う
・慢性疾患の予防と治療を強化する

**5人に1人が太り過ぎ、あるいは肥満に**

アメリカでは1億2000万人が肥満に
中国の未成年者の2割が肥満に
・合併症（冠動脈疾患、糖尿病）の治療が必要になる

**世界全体のヘルスケアへの支出が5兆～10兆ドルまで膨れ上がる**

GDPの16%超がヘルスケアに費やされる
アメリカではヘルスケア関連の消費が1人当たり1万4000ドルに達する
・コストを抑制し、より多くの資金を調達する必要がある

現在、平均余命が最も急速に延びているのは、ラテンアメリカとアジアである。ラテンアメリカでは、2012年に生まれた子どもたちの平均余命は70歳以上と見積もられている。アジアでは、国ごとに平均余命に大きな差がある。最上位を占めているのはシンガポールと香港で、西側先進国の水準と肩を並べており、追い抜く日も近そうだ。とはいえ、現在、ヨーロッパは他の地域を大きく引き離している（注6）。

平均年齢の高い順に並べると、日本、イタリア、スイス、ドイツとなる。2030

年、ヨーロッパでは50歳以上が人口の半分を超えるだろう。50歳以上の平均余命は、おそらく40年。ある予測では、先進国の人口の3分の1あまりが65歳以上で占められるという。そのときにアジアでは、すでに人口の約半分が60歳以上になっているという予測がある（注7）。また、アメリカでは、人口の37％を50歳以上が、20％以上を65歳以上が占めるようになるだろう（注8）。

人口構造が変われば社会も変わる。高齢者が増えて変わるのは、ライフスタイルや消費動向だけではない。社会制度や医療制度にも変化はおよぶ。高齢になったからといって、60歳までの30年間のライフスタイルを変えたいとは思わないかもしれない。アメリカでは、年を取ったと自覚するのは80歳になったとき、という人々が多数派だ。ドイツでは平均して77歳で自覚する。それぞれの国の平均余命を見れば、この違いはささやかなものだ。そもそも、こうした国の人々の知覚年齢は実年齢より10～20歳低い（注9）。

これがいまどきの感覚なのだ。若者や中高年と高齢者のライフスタイルにさほど大きな違いは見られない。多くの人々は、ほぼ健康を保ったまま高齢に達する。健康上の問題なく人生を過ごせる期間、いわゆる「健康寿命」は延びる一方だ。急性疾患や、事故による負傷、感染症を薬で治療し、慢性疾患の発病を遅らせることができるようになった。また、高齢者自身が、老化の症状を先送りするために意識して行動しようとしている。

都市化と移動しやすい環境も、高齢者に年齢を感じさせない理由となっている。一口に高齢化といっても、いまは一様ではない。「マルチエイジング」の時代が到来したのである（注10）。高齢になっても各々の人生経験を生かして、意欲的に社会の変化に順応しようとしている。意外にも、健康と栄養摂取の情報を柔軟に取り入れている。これまでの世代より積極的にこの時期を充実させようとしている。

多くの先進国で唯一拡大している消費者グループが、高齢者である。50歳以上の世代は消費意欲が高く、行動的で、通信機器を使いこなす（注11）。医師や病院、医療保険、介護業界、製薬会社、バイオテクノロジー関連企業各社、医療技術で構成されるヘルスケア市場と、代替医療やコーチング、ウェルネスおよびスポーツ施設、栄養カウンセリング、食品業界などで構成されるもうひとつのヘルスケア市場はますます距離を縮めている（注12）。

高齢者に必要なのは、体調を整え、気力を充実させてくれる食べ物だ。といっても、シニア向け食品や、年金生活者版のベビーフードなどは求められていない。高齢者の代謝傾向に合わせながら、味と見た目は一般向けの食品と遜色のないものが歓迎される。食品業界はこのニーズを満たしていかなくてはならない。

## 増える慢性疾患

慢性的な疾患の患者とは、同一の病気について医師の治療を少なくとも3カ月に1度、1年以上にわたって受けている人を指す。2010年、ドイツでは5人のうち2人がこの定義に該当していた（注13）。アメリカでは毎年死者10人のうち7人の死因が慢性疾患（がんを含む）で、国民総医療費の86％は慢性疾患が占めている（注14）。問題視されているのは、病的な肥満にともなって複数の症状が生じるメタボリックシンドロームだ。これは、脂質代謝異常症や2型糖尿病、循環器疾患を引き起こす。国際糖尿病連合（ＩＤＦ）の２０１４年の発表によれば、世界中で３億８７００万人の糖尿病患者がいるという（注15）。その3分の2が、途上国で暮らす人々だ。糖尿病患者は今後も増え、２０３５年までに世界全体で5億９２００万人になるだろうとＩＤＦは予測している。

２００８年には、世界の人口67億人の約15％にあたる10億人あまりが過体重、つまり身長に対して体重が重すぎる状態に当てはまっていた。２０５０年までに世界人口96億人の約20％が過体重に当てはまるだろうと国連は見積もっている（注16）。２０１４年、アメリカでは18歳以上の1億７０００万人あまりが過体重だ。これは、大人だけに限った問題ではない。中国では18歳未満の20％が過体重に該当するとされる。すでにブラジルやメキシコ、ロシアは、ドイツよりも男性未成年者に占める過体重の割合が高い。

「われわれは、貧しい国々に生活習慣病を輸出している」。ベルリン世界保健サミットのオーガナイザー、ガンテン教授がそう述べたのは、２０１０年のことだ。長生きするようになると危険因子が増え、慢性疾患が増える。高齢化にともなう典型的な疾患といえば、認知症、そして糖尿病だ。今日、認知症の患者は５５００万人、２０５０年までにはその数はほぼ3倍の1億３５００万人に達するだろう（注17）。

循環器疾患、糖尿病、肥満、がん、呼吸器疾患など慢性疾患の大半は、比較的少ない危険因子が関係している。喫煙や過剰な飲酒、肥満、高コレステロール、高血圧などだ。ガンテン教授は、「わたしたちは食べ過ぎで、食生活は貧弱だ。そして運動量が少なすぎる。循環器の慢性疾患と肥満をコントロールするには、まずは食生活を変えることだ」と指摘する。

それが難しいからこそ、幼稚園のときから塩分と糖分を控えた健康的な食生活を送ることが重要となる。早いうちから、身体が必要とするものをきちんと理解させられる。

ふたたびガンテン教授の言葉を紹介しよう。「医療費の議論は多いが、力を入れるべきなのは教育だ。教育は最もすぐれた予防接種であり、健康を維持するための基本だ」「社会から病気を完全になくすことはできない。生きるとはそういうことだ」「しかし、防げる過ちは防がなくては」(注18)。ガンテン教授は、ベルリンのシャリテー（大学病院）の元理事長でもある。

2008年の世界全体の死者は約5700万人、そのうち3600万人は非感染性疾患が原因で命を落とした。1700万人は循環器疾患、760万人はがん、420万人は慢性呼吸器疾患、130万人は糖尿病だ。この4種の疾患に関連する死は、非感染性疾患の死者の約80%を占める。座っている時間が長い、ただそれだけがリスクとなって320万人が亡くなっている(注19)。

文明化がもたらす疾患は、主に先進諸国の問題であると考えているなら、それは大きなまちがいだ。アフリカ大陸を除くすべての大陸で、いまや、感染症よりも慢性疾患による死のほうが多い(注20)。

世界規模の健康問題を克服するには、食にかかわるすべての利害関係者の協力が必要だ。個人の自覚と責任感に訴えるだけでは限界がある。消費者として積極的に健康問題と取り組むことは大前提だが、それだけでは解決できないことがたくさんある。規模的にも、医師と製薬会社が提供する医療的なケアだけではこたえきれない。

こたえられるのは、食品業界と小売業界、そしてホスピタリティ業界だ。たとえば、肉やソーセージ、ソフトドリンク、菓子、パン類などファストフードの生産から消費まで、あらゆる食品の製造、販売、消費は切っても切れない関係にある。食べ物は生きる楽しみでもあり、消費者が積極的に変わることは難しい。

この先、非感染性疾患と慢性疾患の医療費が膨らんでいくとともに、あらゆる国において食品業界は医療制度をサポートしていくことになるだろう。ガンテン教授が指摘するように、非感染性疾患（とりわけ認知症、がん、糖尿病）はすでに医療費の70〜80％を占めている。

## 高まる健康意識

どういう状態が、健康だといえるのか。ガンテン教授はこう答えている。「健康を定義する条件を積み上げていくのは難しい。数値で出すことも容易ではない。念入りに調べれば、誰にでも時限爆弾が見つかるだろう。健康の前提条件を増やしていけば、皆をこわがらせるだけだ」。人からの求めに応じられる、自分がやりたいことができるという状態であれば、第三者の目から見て非常に健康な状態だ（注21）。その状態を自分で健康だと思えるかどうかの問題だ。これに対し、病気のときには、自分は病気だと自覚する。

現代のわたしたちが健康に気を配るようになった背景には、第2次世界大戦後の時期の、ある変化がある。そのころ、死をもたらす最大の要因が、肺炎や結核、胃腸疾患から、循環器疾患とがんに変わったのだ。アメリカ国内で最も多い死因が虚血性心疾患（CAD）になると、公衆衛生局（PHS）は心臓発作や卒中の危険因子の解明に取り組みはじめた。1948年、マサチューセッツ州フラミンガムの住人を対象に体系的な研究が始まった。「フラミンガム・スタディ」と呼ばれるこの調査は、当初20年の計画だった。調査開始にあたって、30～60歳の冠動脈疾患のない男女約5200人が選ばれた。1971年、彼らの子どもたちも調査に加わり、2世代にわたる観察が可能となった。調査は1990年代になっても続き、アメリカで最も重要な疫学調査のひとつとなった（注22）。

こうして、ひとつひとつの危険因子が特定された。致死的な症状でも、ライフスタイルを変えれば軽減できることがこの調査でわかった。具体的には、肥満を抑制する、塩分の摂取をコントロールする、降圧剤を使う、もちろん禁煙をする。予防策を講じることで健康が維持できるのだと、この調査は何よりも雄弁に語っていた。

さらには、現代のライフスタイルと飽食が健康度を高めるどころか、かえって悪化させることも、このフラミンガム・スタディで明らかになった。後の数多くの研究によって、それがはっきりと裏付けられている。

## 競争社会を生き抜くために

いわゆるミレニアル世代の消費者は新しいトレンドに敏感だ。健康と食べ物にも注意を払う。職人が丁寧につくった食品や、有機栽培の作物、遺伝子組み換えがなされていない自然食品を好む。多忙なライフスタイルを送っているので、簡単に食べられるもの、出来合いのもの、しかも製品情報をきちんとチェックできるものを欲しがる。1日に3度の食事を取るというスタイルは主流でなくなり、軽食ですますようになっている。これには、家族構造の変化が大きく影響している。多くの社会で、ひとり親世帯とひとり暮らしが増えている。積極的に健康に気を配る食生活を送るミレニアル世代は、おそらく健康で元気に長生きするだろう。

いまの競争社会を生きる人々は、健康を維持するためにどんなことをしているのだろう。2012年12月、トゥモロー・フォーカス・メディアは「ソーシャル・トレンド・ヘルス」という調査をおこなった。回答者の91・2%は健康を最優先に考え、高い関心を抱いていた。健康に強い関心を抱く割合は若者においても非常に高く、16歳未満で74・3%に達していた。55歳以上の場合は96・7%だ（注23）。

「健康のため、日々の暮らしに注意を払っている」と答えたのは全体の86%。アルコールやタバコ、菓子など嗜好品を控えていると答えたのは、67%だった。健康維持のためにいちばん力を入れているのは食生活とエクササイズだ。全回答者の半分近くは、インターネットからも健康情報を得ていた。「健康」という言葉をグーグルで検索すると1億8000万項目が提示される。

また、健康に関心のある人の約20％が紙媒体のメディアから情報を得ている。紙媒体メディアは、あらゆる健康情報を網羅している。

健康のために具体的な対策をしたがらない人々に対しては、その気にさせる仕掛けが必要だ。「eヘルス」は、もうひとつのヘルスケア市場において有望な領域だ。スマートフォンやタブレットでのバイタルサイン（訳注：血圧、脈拍、呼吸速度、体温など）の計測から、スーパーマーケットでの食品選び、必要な栄養の計算まで多角的に活用できる。

すでに世界中のアプリの23に1つは健康アプリだ（注24）。大手アプリストアのアップストアとグーグルプレイだけでも2015年時点で、医薬や健康、フィットネスのカテゴリーにおいて約8万のアプリがそろっていた。アンドロイドの健康アプリは3万を超えている。iOSのヘルスケア・アプリは約4万6000だ。これは、個人データをビッグデータと結びつける絶好の機会だ。「LOHAS（ロハス）」と呼ばれる、健康と持続可能性を重視する生活様式を送ろうとする人たちは、すでにこうしたサービスを活用している。スマートフォンが広く普及したように、eヘルスの情報活用も普及していくだろう。

## 食べることは個性である

「自分らしさの追求」もいまのトレンドだ。自分を肯定的に認識し、他人との差別化をはかる。大勢のなかに埋もれず、かといって孤立するのでもない。それがはっきりあらわれるのが、栄養の領域だろう。消費者の多様なニーズを満たそうと、スーパーマーケットの品揃えは限りなく増えていく。自分らしさの追求を支えようとする結果、かえって消費者を戸惑わせることにもなる。

ひとつひとつの選択が人生を築いていく。その意味で、個性はまさに細部に宿っている。たとえば、何を、どのように、誰と食べるのか。

食べることは自分の意志のあらわれであり、自分をつくる体験だ。自分を表現するためではない。食べ物はアイデンティティや信条と強く結びついている。むろん、これは豊かな社会、十分に食べ物がある社会に限ったことである。

いまの時代、食べ物に関して消費者は、ますます混乱させられている。特定の食べ物が槍玉にあがり、食品の情報やアドバイスがあふれ、錯綜するなかでは、健康的な食生活を営むための判断があやふやになりがちだ。食品業界は責任をもって、健康と食品に関する明確かつ透明なアドバイスを提供し、ひとりひとりの消費者の混乱を解消しなくてはならない。また、業界として公的機関（保健当局や学校など）や科学の専門家に協力することも必要だ（注25）。

ネスレは、消費者のニーズを満たし、健康的な食生活を実現するために、イノベーションと製品の向上に取り組む。アメリカでは、この問題に特化した製品を早くから提供し、「リーン・キュイジーヌ」など、現代の食生活のニーズにこたえるブランドを確立した。スタウファーズの冷凍食品「フィットキッチン」の新商品には、1人前にタンパク質25グラム以上と複合糖質、野菜が含まれている。男性消費者を主なターゲットとし、より良質で栄養価の高い冷凍食品を求める声にこたえている。

何かを食べるとき、たいていの人は食べ慣れた安心感を求める一方で、新しいものに挑戦したいという2つの思いに揺れ動く。人間は新しさに挑戦して進化してきた。一番乗りすれば、経験値で他者に差をつけて自信がつく。何か新しいものを食べてみたいとわたしたちが思うのも、ごく自然なことなのだ。

グローバル化と都市化は、新しいものが登場しやすい状況だ。すでに世界の人口の半分あまりが都市の住人となっている。国連の予測では、2050年には世界の人口の70％近くが都市で暮らすようになる。都市での生活の質はさまざまな要素に左右されるが、食料もそのひとつだ。求める質と価格の食料が供給されるかどうかで暮らしは変わってくる（注26）。

## 食品科学から得られる知見を活用する

2005年4月、国際栄養科学連合（IUNS）と世界健康政策フォーラムの主導のもと、ドイツのギーセンで国際的なワークショップが開催され、栄養学の新しい包括的定義が定められた。ワークショップには、食物に関連するさまざまな学問分野の著名な科学者が世界中から集まった。その成果は「ギーセン宣言」として採択され、2005年9月に南アフリカのダーバンで開催された第18回国際栄養学会議（ICN）で発表された（注27）。

新しい栄養学（栄養科学）の定義は次のとおり。

「食品科学は、食料システム、食物および飲料、それに含まれる栄養、その他の成分、相互に与える影響、関連する生物学的、社会的、生態系との相互作用を扱う。

食品科学は、現在と未来の世代が健やかに暮らし、多様化する環境を発展させ、保護し、楽しめるように、世界に貢献する。

食糧政策と栄養政策は、この栄養科学を基盤とすべきである。地域や国、世界全体において合理的で持続可能かつ公平なフードシステムを考え、創造し、維持し、保護することは、人類の健康や福祉、高潔さを守り、生物界と物質界を守ることにつながる」（注28）

新しい製品と生産プロセスの発展を目標に据えた内容は、これまでの栄養学の定義と一線を画している。これまでの食品業界と食品科学のままでは、新しい課題に挑戦し、それを実用化に結びつけるのは難しいだろう。

では、製薬業界とその研究機関はリソースや機器を生かして人々の多様な健康問題を解決することができるのか、その意欲はあるのか。また、製薬および医薬品開発メーカーと、食品メーカーや食品研究機関が協調することは可能だろうか。ネスレはそれを検証し、「困難である」という結論を出した。食品業界は基本的に顧客を中心に据えており、製薬業界は新薬の開発と市場開拓に重点を置く。わたしたちは「先進的な科学研究機関が必要だ」と痛感した。統合的な研究をおこない、その成果が新しい業界をつくりだし、製品やサービスとして消費者に提供できる、そういう研究開発機関が。

こうして生まれたのが「ネスレ ヘルスサイエンス」である。わたしたちは同社を、研究機関である「ネスレ インスティテュート オブ ヘルスサイエンス（NIHS）」のカウンターパートと位置づけた。ネスレ ヘルスサイエンスは、①健康についての研究をおこない、②研究から得た知見を健康の向上や病気の予防、治癒のための製品・サービスとして提供するという2つの特徴を備えている。

## 生命科学——新たな解決策をもたらす科学の新領域

生命科学の領域は「バイオロジカルサイエンス」、ドイツ語では「Lebenswissenschaft（生活科学）」とも呼ばれており、生体プロセスと生体構造を扱う科学と工学の研究分野すべてを含む。対象は人間と動物だけではなく、植物や微生物も含まれる。生物学の無数の分野、たとえば農業研究やバイオテクノロジー、ヒューマンバイオロジー、細胞生物学、遺伝学、分子生物学、神経生物学、さらには医学、生物医学研究、生化学、生物物理学、バイオインフォマティクス、ゲノミクス、栄養学、食品研究も、生命科学の領域である。

このような多岐にわたる生命科学の進歩によって生まれたのが、健康を保ち、病気を予防し、回復方法を見つけるための食品を開発する「食品研究」という有力な分野だ。

食生活と健康に関係があることは古代から知られていたが、科学的に裏付けられるまでには長い時間がかかった。19世紀中ごろ、化学の研究により、食生活の主な構成要素はタンパク質、炭水化物、脂質、水などであると特定された。当時、食物といえばもっぱらエネルギー源であり、質の善し悪しはカロリーの数値で決まっていた。それが変わったのは20世紀前半、ビタミンなどの微量栄養素が発見されてからだ。エネルギーは供給しないが身体の代謝には必要だと解明されたのである（注29）。

栄養失調と壊血病などの関係について調べていた科学者が、ビタミン、人体に必須のミネラル、微量元素など微量栄養素を発見した。1911年にビタミンAが、その翌年にビタミンBが、1920年代初めにビタミンCが発見された。1930年以降、こうしたビタミンは安く合成できるようになった（注30）。

当時、栄養研究は、健康向上のための研究として最先端を走っていた。しかし、人々を対象にさまざまな研究をおこない、その発見をもとに食生活全般のアドバイスをしたものの、あまり成果はあがらなかった。ひとりひとりの遺伝的な違い、代謝の個人差が、まだ解明されていなかったのだ。

遺伝子研究が進歩し、とりわけ21世紀の初頭にヒトゲノムの解読が完了すると、栄養学は分子レベルで食事の構成要素を研究できるようになった。そして、食生活とわたしたちの遺伝子の相互作用を考察する新しい研究領域「ニュートリゲノミクス」が生まれた。

同じものを食べても、健康な人もいれば、そうでない人もいる。このことを、研究者は解き明かそうとしている。わたしたちが食べたものは体内で、変換、分解、貯蔵、代謝のプロセスを経て効果を発揮する。このプロセスに個人差がある。代謝をつかさどる酵素などは、個人のゲノムで決まっている部分が大きい。こうした酵素の型の個人差が、代謝の効率の違いとなるのだろう（注31）。

遺伝子と食生活の関連性を示す有名な例を紹介しよう。アジアの人々は一般的にアルコール耐性が弱く、1杯目のビールを飲むとその効果を感じることができる。アルコールを肝臓で分解する力が弱い酵素を持つ人々の割合が、人口の約半分を占めているのだ。そのような酵素は効率的に働くタイプの酵素に比べ、エタノールを急速に取り除くことができない。一方で生の魚を食べると、日本人はヨーロッパの人々よりも効率的に消化できる。

人間の細胞は、使える遺伝子すべてを常に使うわけではない。生まれてから死ぬまでのあいだに、特定の状況において、たくさんの遺伝子のなかから特定の遺伝子にだけスイッチを入れる（遺伝子発現）。これを「遺伝子発現調節」と呼ぶ。さまざまな理由で、遺伝子がオンになるかオフのままなのかが決まるのだ。年齢や環境、ライフスタイル、病気を原因とする遺伝子発現調節の影響は長期間続く場合もある。

食べ物の成分が遺伝子発現にどう影響するのかについて栄養の研究者が調べたところ、特定の食品成分が、消化された後に細胞の内部を通って特定の遺伝子をオンあるいはオフにするスイッチとして働くことを発見した。代謝において重要な遺伝子の発現にかかわるものだった（注32）。

食生活と遺伝学の相関性を調べようとすると膨大な量のデータ処理が必要となるが、テクノロジーとバイオインフォマティクス（生命情報科学）の進歩でそれが可能となった。研究者は、膨大な容量を持つゲノム解析ツールを活用している。ヒトゲノムにおける核様体の変化を解析する

DNAチップなども開発されている。1人につき一度に何百万もの遺伝子変異を解析して、体重やコレステロール、病歴と栄養の関係を判定することができる。特定の遺伝子型と栄養に関係があるかどうかをつきとめたい場合は、より多くの検体を集める。

万人に最適な栄養の型はおそらくない、といっていいだろう。オリーブオイルと野菜と果物をたっぷり摂って長寿になれるという地中海式ダイエットも例外ではない。何が自分にとってベストなのかは、各々が見つける必要がある。地中海式ダイエットは、確かにギリシャの女性には実際に寿命を長くする効果があると、さまざまな研究で実証されている。しかし、ドイツの女性が伝統的な食習慣をやめてオリーブオイルと地中海の食材中心の食生活に切り替えた例では、まったく効果がなかった。少なくとも好ましい影響はなく、平均寿命が若干短くなったというデータがある。食生活と遺伝学とライフスタイルのバランスが取れているかどうかは、健康を最適に保つためにはとても大切だと肝に銘じておきたい。

代謝でオリーブオイルを有効に活用できる人とそうではない人の差は、何らかの遺伝的変異によるものだと説明がつく。長い歳月をかけて育まれてきた品種を使った良質なオリーブオイルのメリットを生かせるかどうかなのだ。

現在、栄養研究がめざしているのは、健康状態とライフスタイルと環境が同じ人々に適した食事と栄養成分の型をつくることだ。いずれ生命科学は遺伝子検査を活用して、特定の遺伝形質ごとにグループ分けをするようになるだろう。そして、ひとりひとりに最適な食生活の実現にさらに一歩近づく（注33）。

生命科学で新しい領域といえば、「エピジェネティクス」を挙げることができる。これは、わたしたちの特性や特徴を左右する要因を扱う学問領域だ。ここで扱われる要因は2つ、親から受け継ぐ遺伝情報と、環境がおよぼす遺伝子への影響だ。環境のなかで大きな比重を占めるのが、わたしたちが食べるものである。

遺伝子発現調節の一部が、ゲノム上の目印（エピジェネティックマーカー）を介して次世代に受け継がれる可能性があることも明らかになった。これまでは次世代に受け継がれる前にDNAから消去されると思われていたが、どうやらそうではないとわかってきた。

アメリカとヨーロッパの共同研究では、出生前の飢餓の経験が遺伝子のスイッチに変化を起こし、その後の人生に影響するばかりか、その次の代にまで影響する可能性のあることが明らかになった。1944〜1945年の、いわゆる「オランダの飢餓の冬」に生まれた子どもたちは、生涯にわたって病気がちだった。60歳になっても、心臓や肺の疾患などの病気や、グルコース不耐性になりやすかった。さらに、飢餓を経験した母親から生まれた女性が出産すると、自身は食べ物に不自由しない生活を送ったにもかかわらず、生まれた子どもは低体重で病弱だった（注34）。

わたしたちの祖父母がどのような暮らしをして、何を食べたのか、どれだけ動き、どんな環境要因に影響されたのかが、わたしたちに受け継がれ、見た目や身体の内側の働きに影響する可能性がある。エピジェネティクスはそれを示している。

しかし、エピジェネティックな変化は可変的で可逆的だ。エピジェネティクスはいま、わたしたちの環境がどのようにして遺伝子発現の目印を残すのか、それが良くも悪くも身体に与える影響についてて追究している。食生活がエピジェネティックな変化につながる可能性があるとわかれば、後の世代が健康な人生を歩んでいけるように方策を立てることができる。すでに、妊娠する前と妊娠期間中の母親に最適な食生活、そして子どもが最初から最適な栄養を得られるようにするための研究が多数おこなわれている（注35）。

この数十年で栄養研究は、食物と健康の関係についてすばらしい業績をあげてきた。それでも、目標達成のためには、よりいっそう高レベルの研究が求められる。アジアとアフリカの新興国では、低栄養と過食という2つの課題に直面している。こうした課題についても、研究の成果が待たれる。

### さまざまな研究領域

**オーミクス**　「-omics」は、生命科学の各領域で網羅的に解析をおこなう研究領域を指す接尾語。たとえば、ゲノミクス（genomics）は、ヒトの遺伝情報について研究する。メタボロミクス（metabolomics）は、生体内の代謝によって生じる中間体と最終産物（メタボローム）について研究する。微生物学者が関心を抱くマイクロバイオームは、腸内細菌や皮膚・呼吸器などに存在する微生物など、ヒトの体にすむ微生物の総体を指す。

**ジェネティクス**　ジェネティクス（遺伝学）は、遺伝子構成からその人の現在の性質を理解しようとする研究領域。遺伝的特徴の形成や遺伝物質の次世代への伝達を扱う。遺伝学の祖であり聖アウグスチノ修道会の修道士であるグレゴール・ヨハン・メンデルは、1854年から1865年にかけてエンドウマメの交配実験を修道院の庭でおこない、統計学的分析から一連の法則を発見した。

**分子遺伝学**　分子遺伝学は、1940年代に確立された、遺伝を分子レベルで解明しようとする研究領域。遺伝情報を伝達する分子の構造や、その複製（レプリケーション）とその後の情報の変化、遺伝情報の発現などを対象とする。

**エピジェネティクス**　エピジェネティクスは、DNA塩基配列を変えずに遺伝子の働きを変える遺伝性の染色体改変のメカニズムと結果を調べる。個体の発生と疾病のプロセスの遺伝子制御について追究する。染色体領域の構造を変化させて、遺伝子の発現に影響を与えるエピジェネティック・コードは潜在的に可逆で、環境によって変化する可能性がある。エピジェネティクスによって、環境が遺伝子におよぼす影響を長期的に観察し、理解することができる。

**分子栄養学**　分子栄養学は、細胞レベルあるいは生体について、栄養や微量栄養素の摂取・輸送・代謝や免疫学的反応、生理学的反応などのプロセスを分子レベルで研究する。細胞間の栄養素や微量栄養素の濃度と健康を阻害する要因（観察できる単位で）をつなぐ分子レベルのメカニズムや、異なる細胞タイプや器官の生理学的機能についての研究が進んでいる。

**ニュートリジェネティクス**　ニュートリジェネティクス（栄養遺伝学）は、栄養と遺伝学の関係を調べる。特に食生活に関連する病気など、健康に生きるために、遺伝的変異がどう影響しているのかに注目する。遺伝的変異の数は約1000万におよぶ。また、遺伝的な疾病の起こりやすさが、食事の選択にどう影響するのかについても追究する。一方、ニュートリゲノミクス（栄養ゲノム学）は、摂取した栄養が遺伝子発現をどう調節するのかを研究する。その目的は、予防医学や病気治療に活用できる食物の開発にある。

# 第2章 食品の工業生産、その始まりから今日まで

From the beginnings of industrial food production to today

食品業界の発展は、世の中に数々のめざましい変化をもたらした。まさに「サクセスストーリー」という言葉がふさわしい。こうした実績を踏まえれば、この先待ち受ける課題についても食品業界は必ずや乗り越えていけるだろう。

食料の種類や、その品質については、19世紀初めまではもっぱら大地主や農民、地元で粉やパン、肉を売る店の職人によって決まっていた。農村の住人はもともと自給自足があたりまえだった。やがて家畜や穀類の商人が登場して都市に売りに行くようになった。都市に隣接した地域では、多くの農民が余ったものを地元の市場で売ったり、食料雑貨商や小規模小売店の主に売ったりしていた(注1)。

人口2000人以上の都市は、半径30キロ以内の周辺地域からの食料でまかなわれていた。人口5000人以上の都市が食料をまかなうには、川または海の港がひとつ必要だった。陸上の輸送手段は馬車や牛車のみで、それも当時はまだ少なく、舗装されていない道を1日当たりせいぜい40キロ移動する程度だった。鉄道網が拡大するにつれて、商品輸送、とりわけかさばる商品を遠方まで安い費用で運ぶことが可能となった。

工業化以前の都市の食料供給はとても不安定で、供給される食料の品質はとうてい満足のいくものではなかった。詐欺が横行し、偽物も多く出回っていた。腐った食べ物や誤解を招く情報がもとで健康被害を受けるのを防ぐため、食品についての細かな規定が設けられた（注2）。

19世紀前半まで、都市住人の割合は、地域により全体の9～14％だった。工業化が進むにつれて1800年から1914年のあいだに都市人口は爆発的に増え、2億1200万人になった。当時、都市で働く人々の半分近くは製造業に従事していた（注3）。これだけの人数が食べていくためには、伝統的な農業や職人がつくる食料だけではとうてい足りない。工業化は無数の発明と新たな科学的知見をもたらした。19世紀の終わりには、製造業者間の競争が勢いを増すようになる。この時期にはカルテルがまだ無数にあった。ブランド商品が登場し、その宣伝がおこなわれた。食品の製造に関して今日につながるかたちが築かれたのは1900年以降だ。

## 「飢え」という妖怪が世界を支配するとき

「大衆の食生活の質は、1800年ごろにはすでに悪化していた。ジャガイモやコーヒー、ブランデーの蒸留といった新しい製造方法がヨーロッパに広まるまで、人々の食生活は、日々を生き延びていくことに主眼が置かれていた」（注4）

19世紀半ばまで、ヨーロッパは何度も飢饉を経験し、大半の人々が日々ひもじい思いをしていた。北米に新たに建設された国々は別として、世界の至るところで人々は同じような状態に置かれていた。当時もいまも飢餓の原因は、戦争や自然災害、日照りや大雨などの異常気象だが、政治的な判断の誤りによっても、人々は繰り返し飢餓状態に陥ってきた。

飢饉をもたらした最大級の自然災害といえば、1815年のインドネシア・スンバワ島タンボラ山の噴火だ。これは、北米とヨーロッパの多くの地域に飢饉を発生させた。噴出物が大気中に放出されて世界中に火山灰と硫酸塩エアロゾルが広がり、1816年の世界の平均気温は摂氏3度下がった。気象が不安定となり、農作物の不作や飢餓が起きた。噴火の影響で少なくとも7万1000人が死亡し、1816年は「夏のない年」となった（注5）。

アイルランドでは1845年から1852年にかけて大飢饉が起きた。当時のアイルランド人の主食であるジャガイモの栽培は1815年の噴火の影響は受けていない。北米から入ってきた病原菌がジャガイモの疫病をもたらした。これにより、大部分の人たちが命をつなぐための主たる食料を失った（注6）。さらには政治が追い打ちをかけた。結果、アイルランドでは飢饉で100万人が命を落とした。全人口の約12％である。移住に踏み切ったアイルランド人は200万人にのぼった。

第1次世界大戦中にドイツで起きた飢饉は、20世紀の西ヨーロッパにおいて最悪のものだった（注7）。戦争は数カ月ではおさまらず、備蓄もしていなかったため、ドイツは食料不足に陥った。配給も代替品の供給も足しにはならなかった。ドングリや藁、おがくずまでもが、パンの材料となった。1915年から基本的な食料は配給となり、ドイツの全人口のほとんどが栄養失調になった。
大部分の人はカブラを主食とするようになり、「カブラの冬」という言い方がされるようになった。人々はカブラをあらゆる方法で加工してスープやカツレツ、プディング、ジャム、パンにした。1914年から1918年にかけて、おそらく80万人のドイツ人が飢えと栄養失調で命を落とした。戦争が終わっても、相変わらず主たる食料の供給は少なく、戦前の水準に戻ったのは1924年になってからだ。今日のドイツでは「カブラの冬」という言葉はめったに聞かれない。

中国では第2次世界大戦後、1958年から1961年にかけて大飢饉に陥った。原因は天候不良、そして共産党の政治である。西側先進国に追いつこうとする「大躍進政策」に取りかかっていたのだ。農業は強制的に集団化され、農民は産業プロジェクトの遂行という負担も背負わされた。

当時、中国人の4分の3は農業に従事していた。たいていは狭い農地で、農作業は手作業だった。田舎から都市に移り住む農民が増えるにつれて、農民がつくる穀物は輸出用に押収された。中国政府の統計によると、その後の4年で約1500万人が栄養失調で死亡している。非公式の見積もりでは、2000万人から4500万人が餓死したものとされる（注8）。

## 人口増加と食料不足

19世紀半ば以降、ヨーロッパと北米は人口の大半を養うために、農業生産を増やすだけでなく健康的で安全な食にも重点を置くようになった。が、そこに至るまでの過程――封建制の農業から工業化に移行する過程では、多くの人々が飢えに苦しんでいた。「1500年には、貧しくとも肉やパン、野菜を買うだけの余裕があったが、工業化時代の初期にはその余裕すらない人々が社会の底辺を占めていた。1830年には貧しい人々が、ジャガイモやライ麦パン、コーヒー、ブランデーだけで生き延びていた」（注9）

1750年の世界人口は6億2900万～9億6100万人とされ（注10）、そのうちの1億6000万人がヨーロッパの住人だった。以来、ヨーロッパの人口は着実に増えた。結婚可能な年齢まで生きられる人の数が増えて、出生率が増加したからである。ただ、人口増加に比べて農業の生産高は増えていない。ジャガイモの生産量が増え、同一面積から得られる食物エネルギーははるかに増えたが、それでも農村は貧しいままだった。田舎の古い封建制と都市での新しい生産様式がぶつかり合い、ヨーロッパに「貧困」をもたらした。この構造的な貧困は広範囲にわたって長く続いた。個人の行動や特定の原因を挙げて説明のつくものではなかった。

工業化以前、そして工業化時代の初期には、家内工業が盛んだった。工場労働の導入で人々は工場労働者となり、慣れ親しんだ暮らし方と時間の概念ががらりと変わった。「1850年ごろまでは、家計を切り詰めれば十分に食べていけた。しかし、地方全体が貧困状態に陥ると、栄養価のある食料をつくる力すら落ちてしまった」（注11）。多くの人が安い労賃で困窮し、慈善事業に頼らざるを得なかった。「19世紀初め、主要都市の下層階級では、食事を家の外ですませるのがあたりまえのようになっていた。ちょっとした食べ物を業者から買って、道ばたで食べた」（注12）。自宅で主婦が家族のために煮炊きして食事をつくるという理想からは、まだほど遠い状態だ。

## 工業化がもたらした繁栄

ヨーロッパでは19世紀半ばに何度も大規模な飢饉が発生したが、それはあくまでも戦争がらみだった。農業革命によって農業の生産性が向上し、輸送面でも革命的な変化が実現した。鉄道網が拡大し、海運も発展して、海外との貿易が盛んになった。19世紀半ば、北米と東ヨーロッパでは、膨張する工業都市向けに、余剰生産物を使って製品がつくられるようになる。食料の新たな保存方法や工業的な生産方法が開発されて、長持ちする食料がつくられるようになり（注13）、市場で手に入る食べ物の価格は安くなった。それでも、19世紀の終わりまで、ヨーロッパにはまだ貧しく栄養失調の人々がいた。

19世紀には、科学と技術の両面で食品業界の発展を促すめざましい進歩があった。ルイ・パスツールとユストゥス・フォン・リービッヒら科学者の研究成果は食料の工業生産にとって重要な基盤となり、飛躍を促したのである。薬剤師であり実業家であったアンリ・ネスレも貢献したひとりとして名を残した。食品の生産が、職人の手づくりから大規模な工業生産に移ったことで、食品業界は大きく変わった。とりわけ、肉と牛乳の生産、製粉や砂糖の製造の進歩には目をみはるものがあった。乾燥や保存、殺菌、低温殺菌の方法が格段に進歩して、食料を長持ちさせることができるようになった。そして今日につながる最大の進歩が、冷凍機の発明である。食べ物を冷やしたり、凍らせたりする技術が開発されたのである。

科学的な研究の成果と新しい加工施設のおかげで、まったく新しい形状や品質の食品が無数に登場した。肉エキス、乳児用シリアル、コンデンスミルク、マーガリン、固形のミルクチョコレート、インスタントコーヒーなども、その一部である。新しい方法で製品を生み出すだけにとどまらず、大衆向け製品の市場をつくりだしたことにも意義があった。こうして、マギー、ケロッグ、ハインツ、リビー、キャンベル、ネスレといった名を冠した商品が登場したのである。

## 歴史を築いた人々

ユストゥス・フォン・リービッヒ（1803―1873年）は実業家でも商人でもなく、生粋の科学者だった。リービッヒは1825年に化学の正教授に任命され、有機質の研究に心血を注いだ。農芸化学の新しい分野を開発し、さらに1840年代には肉の分析に携わり、肉の重要な栄養加は溶けやすい成分に含まれているという確信を得た。

彼が病人や貧しい人々のための肉の代替品として発案したのが、牛肉の煮汁（ブロス）を煮詰めてシロップ状にし、その肉エキスから必要に応じて精のつくスープをつくるという方法だ。しかし、1キロの肉エキスをつくるには牛肉約30キロが必要だ。当時、肉はとても高価だったので、肉エキスを工業生産するという発想はなかった。1850年代前半、リービッヒの友人の娘が消化器系の感染症をわずらい、固形物が食べられなくなったとき、彼は自分が開発した肉エキスを飲ませて娘の命を守った。これを機にリービッヒは「病人のための新しいミートブロス」というタイトルの論文をまとめ、発表した（注14）。

この論文を、ハンブルクの起業家でエンジニアのゲオルク・クリスチャン・ギーベリッツが読み、肉エキスをウルグアイで工業生産したいと申し出た。当時、南米では牛肉がだぶついていたのだ。牛は、皮と角と骨を得る目的で飼育され、傷みやすい肉は活用されていなかった。

1863年、リービッヒの肉エキスの工業生産が開始され、1865年からはリービッヒ肉エキス会社という社名となったが、リービッヒは製品の品質チェックのみにかかわった。肉エキスは非常に高額で、最初は栄養補助食品として、また軍の兵士用にも使われた。やがて、マギーの野菜をベースとしたスープの素とシーズニングが登場し、一般の人々にも幅広く使われるようになる。リービッヒの肉エキスは、いまも高級料理に使われている。

スイスで工場を経営しながら商人でもあったジュリアス・マギーは、豆の粉を原料として消化しやすい、高タンパク質で高脂肪の食品を初めて考案した。それは手早く調理できて価格も安かった。きっかけとなったのは、医師で工場検査官でもあったフリードリーン・シューラーの話だ。1882年、シューラーはスイス公共福祉協会の年次総会で「労働人口の食生活と不十分な点」について講演し、「工場労働は日々の食事に大きく影響している。いまや機械の稼働に合わせて食事の時間が設定されている。朝は仕事に取りかかる前の早朝に、夜は仕事を終えてから遅い時刻に食事を取り、もはや昼ご飯はないがしろにされている。1日12時間労働が普通となり、その間にはたった一度の休憩が入るだけである」(注15)と述べ、適切な栄養を十分に得るには豆を食べることがよいと推奨した。

1883年、マギーは豆の粉の工業生産を始めた。栄養価は高かったが、味はほとんどなく、あまり売れなかった。1886年、彼は多様な乾燥スープ・シーズニングを開発した。これは、いまでも有名だ。マギーは動物性タンパク質を加えずに、肉のような風味をつくりだすことに成功した。さらにマギーの独創性は食べ物以外でも発揮された。製品用に斬新なかたちのボトルと黄色いラベルもデザインしたのである。1908年にはキューブ状のスープストックを発明し、これまた世界的な成功をおさめた。こうして、工業製品化された食品は消費者にとって身近なものとなっていった。

1860年代は乳児死亡率が高く、子ども5人のうち1人は1歳になる前に栄養失調や病気で命を落とした。この問題に取り組み、「乳児用スープ」を開発したのが、アンリ・ネスレ(1814―1890年)である。フランクフルト・アム・マインに生まれ、1843年からスイスのヴェヴェーで商人として、そして製造業者としても働き、もとはハインリヒ・ネスレという名前だったが、アンリ・ネスレと名乗るようになった。乳児用のスープはすでにリービッヒが発明していたが、製造費が高くつき、とても高額で薬局だけで売られていた。いっぽう、ネスレは、乳児が必要とする材料を合理的に用いて新しいスープを開発した。具体的には、最高品質の牛乳やパン、砂糖などだ（注16）。

まず、ネスレはビスケットのような消化しやすいパンをつくり、それを砕いて粉にして、牛乳と砂糖のペーストに混ぜた。この塊を乾燥させて、炭酸水素カリウムを加える。これに水を加えれば、「子どもの食事」となる。当初、ネスレは生後数カ月の子どもたちを対象としていた。ところが１８６７年に友人であるシュレッダー教授から、生後15日目でミルクも何も受けつけない新生児にこの乳児用シリアルを与えてみてくれないかと相談されて試したところ、無事に命を救うことができた。

ネスレの乳児用シリアルは１８６８年からスイスで、その数年後にはヨーロッパで、さらに世界中で販売された。この製品は乳児の命を救える。確たる自信を得たネスレは、医師と薬剤師にサンプルを送り、製品への理解を広めていった。１８７１年、アンリ・ネスレの事業は、30人の従業員で１日当たり乳児用シリアルを８００～１０００箱製造するまでになった。売上は順調に伸びて１８７３年には、乳児用シリアルの販売は50万缶に達していた。

会社の規模が大きくなる一方で、高齢になったアンリ・ネスレが自ら経営を続けることは難しくなる。１８７５年、会社は地元の３人の起業家に１００万スイスフランで譲渡され、新会社ファリーヌ・ラクテ・アンリ・ネスレが生まれた。アンリ・ネスレは工場とともに社名とトレードマークも売ったので、ネスレという名前と彼がつくった鳥の巣の商標は現在まで続いている。

## 兵士向けの長期保存食

軍のニーズを満たすという動機からも、食品の新しい製法と製品が生まれた。1795年、ナポレオンは自軍の兵士に食料を供給するために、新しい食料の保存方法を募った。発明者には1万2000金フランの賞金が用意された。1804年に賞金を獲得したのは、パリでペストリーと菓子を製造していたニコラ・アペールだった。彼は真空状態で保存する方法を発明した。シャンパンのボトルに食品を入れて密閉し、蒸気調理法を組み合わせて真空をつくりだし、食品の長期保存を可能にしたのだ（注17）。

この画期的な方法を活用して初めて食事を楽しんだのは、フランス海軍の軍人たちだった。1809年のことである。それまで食品の保存といえば、乾燥や薫製、塩漬け、ピクルス、酢やアルコールや砂糖に漬け込む方法くらいしかなかった。

## 缶が市場を制覇

1810年、イギリスで缶が発明された。つくったのはフランス人の商人ピーター・デュランドだ。材料にはブリキ板が使われた。この缶とアペールが発明した方法で、食品の保存が可能になる。1812年にデュランドは特許をブライアン・ドンキンとジョン・ホールに売却し、彼らは世界発の缶詰工場を設立した（注18）。ドイツでは1845年、ブリキ職人のマイスターハインリヒ・チュヒナーが、自作のブリキ缶でアスパラガスの保存を始めた。ドイツ全体としてはアメリカほどのスピードで缶詰業界は発展しなかったが、軍の需要は急増した（注19）。

ヨーロッパでは1920年代の終わりまでに缶が定着したが、アメリカではとうに普及していた。アメリカでは早い時期からブランド品が製造され、品質も折り紙つき、そして宣伝も盛んにおこなわれていた。ヨーロッパでは、缶詰食品が他の保存食品より高額だったのに加え、工業生産された缶詰食品への不信感が根強かった。中身を確認できず、量も質もチェックできないので、敬遠された。加工の仕方がまずいと、缶のなかでバクテリアが繁殖する危険があった。

しかし、工業化の初期に登場した缶詰食品は、ヨーロッパでもしだいに暮らしに溶け込んでいく。その理由として、保存料の使用など新しい保存技術の登場が挙げられる。また、大型の乾燥設備や冷凍技術などの進歩もあった。そのおかげで、栄養価の目減りや味の劣化をかなり抑えた保存が可能となり、必要なときに手早く食べられる食料として需要が増えた（注20）。

1868年、アーチボルド・マックネイルとアーサー・リビー、チャールズ・リビー兄弟が、リビーを設立した。最初に出した製品は「リビーのコンビーフ」、上に向かって細くなる、おなじみの台形の缶詰だ。その後、1900年ごろに、缶詰の野菜とピクルスが商品として加わった。1910年にはハワイ産のパイナップル（注21）が仲間入りし、果物の缶詰の存在感が増していく。

1869年に創立されたキャンベル スープ カンパニーも成功を収めた。青果商のジョセフ・A・キャンベルと、アイスボックスの製造を手がけるエイブラハム・アンダーソンは、まず、野菜やスープ、肉の缶詰をつくった。1897年、ゲッティンゲン大学で学んだ経歴を持つ食品科学者ジョン・T・ドーランスが、キャンベルのために濃縮スープの製法を開発し、それまでの製品に比べて水分量が半分のスープをつくれるようになった（注22）。当時、スープの保存食はアメリカよりもヨーロッパで好まれていたが、それを変えたのがキャンベルのスープ缶だった。1898年に赤と白の独特のラベルの缶で登場し、1缶10セントという低価格だった。広告も当たり、成功に結びついた。1900年にはパリ万博でゴールドメダルを受賞。以後、キャンベルのすべての缶のラベルにこのメダルが描かれている。

1876年、アメリカのビジネスマン、ヘンリー・ジョン・ハインツは、弟と従兄弟とともにF&J・ハインツ・カンパニーを立ち上げた。彼が考案したトマトケチャップの秘密のレシピは今日まで変わっていない。主な材料は完熟トマトと酢だ。選りすぐりの天然素材から、混じりけのないおいしいケチャップをつくった。ハインツは、缶詰ではなく六角形のガラスの広口瓶を使い、キュウリなどのピクルスもそれに入れて売った（注23）。

ハインツは、虚偽表示や虚偽広告の禁止、特定の化学添加物の使用を法律で禁じるよう、国内の実業家らとともに政府に訴えた。1906年には「純正食品・医薬品法」が成立し、アメリカで初めて、食品を対象とする純度規制が設けられた。当時のアメリカの食品業界は、すでに国内の産業をリードする立場にあり、食肉処理業や製粉業、製糖業の独占企業が力を奮っていた。品質の監視と消費者保護を通じて、カルテルは市場での力をさらに拡大した。衛生的な新しい製造方法を導入するとなると、資本力に欠ける小規模および中規模の企業にはなかなか厳しかった。

ヨーロッパの多くの国々では、工業生産された保存食の品質への信頼度が低く、家庭で缶詰をつくるとなると高くついた。そこで新たな選択肢が模索され、特別なガラス容器が登場した。1880年代、ゲルゼンキルヘンの科学者ルドルフ・レンペルが、瓶詰用のガラス容器を開発した。滑らかな表面で丸みを帯びた形の容器に、ゴム製のリングと金属製の蓋で密封するしくみだった。レンペルは、煮沸しているあいだに瓶を閉めておくためのクリップも開発した。最初の顧客ヨハン・ウェックは、1893年にレンペルが亡くなると、このガラス容器と付属品の特許と単独販売権を買い取った。さらに1900年、ウェックは、ゲオルク・ファン・エイクという商人ともにオフリンゲン・J・ウェック社を設立した。以来ドイツでは、瓶詰を意味する言葉「einmachen」に同社の名を組み込んで「einwecken（ウェックする）」という言葉ができた（注24）。

この容器の登場は、中流階級の女性の新しい役割を反映するものでもあった。主婦はもはや外に働きに出ず、家族と家のなかの仕事（家事）に専念するようになり、節約と計画性が重要になった。工業化時代に入ってからというもの、住まいには安全に料理できるスペースなどなかったが、北米で生まれた鋳鉄製の料理用コンロがその状況を一変させた。エナメル塗料を使った調理器具とともに、キッチンの設備に画期的な変化が起きたのである（注25）。料理と家事を教える学校が次々にできたことからも、国の食料事情を向上させよう、女性は家庭に入るのが自然だろうという当時の風潮が伝わってくる（注26）。

## 乳製品業界の躍進

1857年、フランスの細菌学者ルイ・パスツールは乳酸発酵をおこなう細菌を発見して、発酵は生細胞の働きによるものであるという自らの推測を証明した。また、食べ物を加熱すれば大部分の細菌を殺せる証拠も示した。これをもとに1888年、パスツールは、熱で微生物を殺す低温加熱殺菌法を開発した。

アメリカでは、この低温加熱殺菌法と厳しい衛生基準の導入によって生産者の集中が進んだ。1880年から1923年にかけて、ボストンの牛乳、チーズ、バターの販売者数は1500から1311に減少した。ミルウォーキーでは低温殺菌の導入後、農場の数が5年で200から32に減り、1930年の牛乳の85％は、ボーデンとナショナル・デイリー・プロダクツのわずか2社が生産していた（注27）。

1948年から1952年にかけて、細菌を含まない無菌乳をつくる新しい方法が開発され、「世界的なセンセーションを巻き起こした」と報じられた。手がけたのは、スイスのコノルフィンゲンにあるウルシナ（後のウルシナ・フランク）の子会社であり研究グループのアルプーラだ。いわゆるUHT牛乳（超高温殺菌牛乳）の登場である。それまでの低温加熱殺菌牛乳に比べて、賞味期限がはるかに長くなり、冷蔵しなくてすむのでその費用がゼロになった。1971年、ウルシナ・フランクはネスレに買収された。

加熱処理はいまも牛乳加工において、ホモジナイズ処理（訳注：乳脂肪を細かくして均一化する）に次ぐ主要なプロセスである。改善を重ね、さまざまな目的に応じておこなわれてきた。生乳のほうが、熱処理されたものより栄養価がすぐれているわけではない。だが、濾過しただけの、ほぼ未処理の牛乳は細菌を含んでいる可能性があり、それは搾乳の段階から衛生状態にどれだけ留意したかによって左右される。このため、ヨーロッパ連合（ＥＵ）では特別衛生規定が設けられ、アメリカでは生乳と生乳製品の販売が禁止された。

乳製品業界が世界規模で担う役割について、あらためて注目すべきである。グローバルなフードシステムに欠かせない乳製品業界では、約10億人の人々が働いている。また、持続可能な発展という側面から見れば、とりわけ農村部で重要な役割を担っている。

２０１１年、ミルク生産量は世界全体で7億４８７０万トンにのぼり、そのうちの6億２０７０万トンの牛乳は2億６０００万頭の牛から搾乳されている。２０１０年には、世界全体のすべての農産物の総生産額のうち、ミルクは８・９％を占めた。国連食糧農業機関（ＦＡＯ）の見積もりでは、ミルクやクリーム、バター、チーズ、ホエイ、バターミルク、粉乳、ヨーグルト、カゼインなどの乳製品の世界市場における貿易額は、２０１１年には６４０億ドルだった。これに乳糖と乳児用粉ミルクを加えると、総額は６９０億ドルに達する。ＦＡＯと経済協力開発機構（ＯＥＣＤ）は、２０２１年までにミルクと乳製品の消費が20％増、あるいはそれを上回る増加となるものと見込んでいる（注28）。

ミルクから水分を取り除いて凝縮し、缶に詰めるというアイデアも、もとをたどればニコラ・アペールに行き着く。１８４０年に考案した、瓶を蒸して真空にする方法を活用したものだ。コンデンスミルクの製法は1810年、彼によってその概要がまとめられ、1827年に実現した。工業生産の特許は1856年8月19日にアメリカ人のゲイル・ボーデンが取得し、同年、彼はボーデン・ミルク・プロダクツを設立した（注29）。

ユストゥス・リービッヒ、アンリ・ネスレは、個人的な経験をきっかけに新しい解決策を模索した。ゲイル・ボーデンも同じく、きっかけは個人的な経験だった。1851年にヨーロッパを旅した際、船上でミルクを飲んだ子どもたちが亡くなった。船の厨房でミルクが雑菌に汚染されていたのだ。ミルクの細菌を取り除いて保存できれば、今後このような事態は防げるとボーデンは考えた。

コンデンスミルクは、アメリカの南北戦争（1861―1865年）で初の成果を示した。兵士たちには、非常食としてコンデンスミルク450グラム入りの缶が与えられた。それで命をつないだのである。除隊後も彼らはそれが忘れられず、コンデンスミルクのヒットにつながった。チャールズとジョージ・ハム・ページ兄弟も南北戦争中にコンデンスミルク缶に出合った。1865年、チャールズ・ページがアメリカ副領事として赴任したチューリヒにはたくさんの牛がいたため、彼はその牛を活用してヨーロッパの市場向けにコンデンスミルクを生産しようと思いついた。とりわけイギリスは深刻なミルク不足に陥っていた。チャールズ・ページはボーデンのブランドで、コンデンスミルクの製造会社を立ち上げようと兄弟のジョージを誘った。しかし、ボーデンからは色よい返事は得られなかった。

そこで1866年、兄弟ふたりはアングロ・スイス煉乳会社を設立して、工業生産に必要な設備機器をアメリカから輸入した。1年後には1ポンド（約450グラム）入りの缶13万7000個が生産された。原料となるミルクは263頭の牛と43人の農場主から集めた。当時、大部分の酪農家は平均2頭の乳牛を飼育しているに過ぎなかった。1875年には11頭の乳牛を飼っている大規模な酪農家はわずか2軒。それから約10年後、アングロ・スイス煉乳会社は8000頭の牛のミルクで年間1500万〜1700万個のコンデンスミルク缶を生産するまでになった（注30）。

同社は1875年に缶の自社生産を決定した。もちろん、そのほうが安くつく。1878年には冷却に使うための氷工場をつくった。ジョージ・ページは、先行するライバルの高品質の缶詰と競争するために、早い時期から仕入れ先に厳しい衛生基準を課した。

ファリーヌ・ラクテ・アンリ・ネスレの乳児用シリアルの大成功を見て、アングロ・スイス煉乳会社は1877年にベビーフードの製造を開始した。逆にファリーヌ・ラクテ・アンリ・ネスレは1878年にコンデンスミルクの製造を始めた。直接のライバルとなった両社だが、競合する商品はどちらもよく売れ、早々に合併話が持ち上がった。が、ジョージ・ページは頑としてこれに応じず、1899年、彼が亡くなってからようやく交渉が始まった。最初の交渉は決裂したが、1905年、とうとう2社は合併を果たした。規模としてはアングロ・スイス煉乳会社のほうが大きかったが、社名の先頭にはネスレの名前がついた。

1911年、ネスレ・アングロ・スイス煉乳会社はオーストラリアで工場を稼働させた。甘みをつけたコンデンスミルクの工場としては最大のものとなった。第2次世界大戦に従軍した各国のすべての兵士にコンデンスミルクが支給された。

ボーデンとアングロ・スイスのコンデンスミルクは砂糖を加えて腐敗を抑えていた。いわゆる「加糖練乳」である。砂糖を加えていないコンデンスミルクに比べ、明らかに濃度が高くて、色は少々暗い。アングロ・スイスは1894年から、加糖していないコンデンスミルク、いわゆる無糖練乳（エバミルク）を「バイキング」という商品名で売り出した。こちらは製造過程で必ず殺菌されている。

乾燥した粉乳もコンデンスミルクと同様、輸入品だった。全乳は約87・5％の水分を含んでいる。これをまず蒸発させて水分量を50％まで減らし、乾燥法を変えて約3％にまで減らす。こうした脱水のプロセスの開発と改善、技術移転は、ネスレ発展の大きな軸となった。その後1920年、ネスレはエグロン社から、同社が1916年に開発した粉乳の製造技術の権利を取得した。この噴霧乾燥の技術こそ、1938年に登場する「ネスカフェ」の製造に欠かせないものだった。

## これまでにない製品の登場

19世紀後半のヨーロッパで、費用効率がよく、長持ちするという特徴を備えた新しい食品が生まれた。これも、戦地の兵士に供給する食料として開発されたものだ。1869年、ナポレオン3世は化学者イポリット・メージュ＝ムーリエに、バターの代用となり、長持ちするものを開発するよう命じた。スプレッドタイプで、天然のバターよりも安く、味もよく、栄養価が高く、身体に有害な成分はいっさい含まれないものを。その結果、誕生したのが、牛脂とミルクを原料とするマーガリンだ。油を指すラテン語 oleum と真珠を指すギリシャ語 margaron から名づけられ、オレオマーガリンとも呼ばれた。パリで化学を研究するミシェル＝ウジェーヌ・シュヴルール教授がマルガリン酸を発見したのは１８１９年、牛脂の研究をしているときだった。試験管のなかの粒子が真珠のように美しく輝いているのを見て、ギリシャ語で真珠という意味の言葉を名前に選んだ（注31）。

メージュ＝ムーリエは「マーガリン・ムーリエ」の特許を１８６９年に取得し、１８７１年にオランダのバター商、ユルゲンスに売った。同年、彼らはオランダ南部のオスにマーガリン工場を設立した。最大のライバルだったバター商人ハンダもマーガリンづくりに乗り出し、１８８８年にはドイツのライン川下流地域に両社のマーガリン工場ができた。マーガリンを輸入すれば30%の保護関税がかけられたのだ。

それからの数年、ユルゲンスとヴァン・デン・バークはヨーロッパでマーガリン製造を率いた。１９２７年、両社は事業を統合してマーガリン・ユニ社とし、本社をロッテルダムに置いた。同時期、イギリスではリーバ・ブラザーズ社が「バタリン」という商品名でマーガリンを製造・販売し、アメリカや英連邦諸国にも輸出していた。１９３０年、マーガリン・ユニ社とリーバ・ブラザーズ社が合併し、オランダではユニリーバNV、ロンドンではユニリーバとなった。これは当時としては世界最大の合併だった（注32）。

1866年から1867年にかけて、ベルリンの料理家、ヨハン・ハインリヒ・グリューネベルクが「エルブスヴルスト」という食品を考案し、プロイセン軍がそのアイデアを買い取った。エルブスヴルストは豆粉や脂肪、ベーコン、スパイスでできた乾燥スープで、1870年から1871年の普仏戦争では各部隊に供給された。食べる際には冷たい水に溶かして加熱する。当初はソーセージに使われる天然ケーシングに材料を詰めて手作業で分割していたので、エルブスヴルストという名前がついた。1922年からはケーシングに替わって耐油紙が使われるようになり、1950年には包んで紐で縛るようになった(注33)。

1889年以降、エルブスヴルストの製造はドイツ・ハイルブロンのクノールがおこなった。クノールはもともと創業者カール・ハインリッヒ・クノール(1800—1875年)が開いた食料雑貨店である。1873年、カールは息子ふたりと、豆の粉を使った乾燥スープづくりに取り組んだ。乾燥させて細かく挽いた野菜とスパイスを混ぜ、手早く食べられるスープができあがった。創業者の死後、「C・H・クノール・グラニュレーター、農産物、スープ材料工場」と社名を変えた。2000年からクノールは、ユニリーバ・グループのブランドとなった。

## 食品メーカーの台頭

農業革命、産業革命、輸送革命が、アメリカの食品業界の骨格をかたちづくった。それは、第1次世界大戦前のヨーロッパでも通用するものだった。アメリカでは、小麦の栽培が西へと広がった。豚の飼育とトウモロコシ栽培も同様に西へ広がった。シカゴとカンザスシティでは、それまでとは桁違いの規模の食肉産業が出現した。野菜は南から、果実はカリフォルニアから運び込まれた（注34）。１９００年には食料生産がアメリカのリーディングセクターとなった。とりわけ、食肉加工業や製粉業、製糖業、ベーカリー製品業などが力を持っていた（注35）。

アメリカの食品メーカーは、ヨーロッパよりも規模が大きく、市場シェアも高かった。大企業の大半が１８７０年から第１次世界大戦までのあいだの創業で、１つ以上の製品で成功をおさめていた。業界規模としては、ドイツでも１８９５年以来、重工業（鉱業と鉄鋼業）に次ぐ大きさである。食品製造には大量の資本が必要となるため、鉄道事業と同様、合資会社の形態で資金を調達していた（注36）。

## テンサイ糖の発見

砂糖は、19世紀の工業化と特に強く結びついている。かつて何世紀ものあいだ、砂糖はサトウキビから得られる贅沢品だったが、１７４７年、その状況が変わった。ベルリンの薬剤師で化学者でもあるアンドレアス・ジギスムント・マルクグラーフが、フダンソウから砂糖を抽出できることを発見した。マルクグラーフの弟子フランツ・カール・アシャールは、ベルリンのそばでテンサイの栽培を始め、シレジアのキュネルン（現ポーランド領）に世界初のテンサイ糖の工場を建設した。従業員わずか13名の「工場」では、１日当たり３６００本のテンサイが加工された

（注37）。

とはいえ、サトウキビから取れた砂糖の人気は続いていた。ところが1806年、フランスが大陸諸国にイギリスとの貿易を禁じると、サトウキビからつくられた砂糖が手に入らなくなる。以来1850年まで、ヨーロッパでは多数のテンサイ糖の工場がつくられ、砂糖は安価な日用品となった。こうして製糖業界は急成長した。

## チョコレート――誘惑的な食べ物

ふんだんにある砂糖とココアを混ぜると、チョコレートになる。19世紀の初めまで、チョコレートといえば、液体に溶かして飲むものだった。ココア飲料に使われたココアパウダーは、ファン・ハウテンが発明した（1830年）。

1819年、コルシエ＝シュル＝ヴェヴェーのフランソワ＝ルイ・カイエは、チョコレートづくりに成功し、さっそく新しい工場での生産を開始した。スイスのショコラティエで起業家のフィリップ・スシャールは、1826年にはすでに砂糖とココアパウダーを混ぜる機械を発明し、「メランジャー」と名づけていた。この機械の登場で、カイエはそれまでの手仕事での生産から工業生産に乗り出すことに決めた。

フランソワ＝ルイ・カイエの息子たちは、ヴェヴェーのボスケ通りで父親の事業を立ち上げた。1863年、創業者の娘ファニー・ルイーズは、ロウソクを製造していたダニエル・ペーターと結婚。ケロシンランプの普及につれてロウソクの事業が傾くと、ペーターはチョコレート製造を手がける決心をする。1867年、ペーター＝カイエ・エ・カンパニーを創業した。仲のいいアンリ・ネスレと意見を交換し、彼は、ミルクとチョコレートで新製品づくりに取り組んだ。1875年、ついに、ココアと砂糖、コンデンスミルクでミルクチョコレートをつくることに成功する。顧客にも大好評だった。1878年、ダニエル・ペーターの製品は賞を受賞し、ロンドンに輸出された（注38）。その後、ミルクとココアを組み合わせた粉末のホットチョコレート、さらには固形のミルクチョコレートをつくることに成功する。世界を魅了するチョコレートが誕生したのである。

1879年、スイスのチョコレート製造業者、ロドルフ・リンツは特別な攪拌器をつくった。滑らかな口当たりのチョコレートをつくることができるその攪拌器は、「コンチェ」と名づけられた。スイスでは、カイエ、ペーター、スシャール、リンツに続いて無数の小規模業者がチョコレートづくりに参入していた。そのひとつが、アメデ・コーラーが経営する会社だ。1904年、コーラーの会社はペーターの会社と合併し、ソシエテ・ジェネラル・スイス・ド・ショコラが誕生した。同社はさっそくチョコレート製造を開始。チョコレートはネスレの名を冠し、ネスレの販売網を通じて販売された。

1911年、ペーター、コーラー、カイエはコンデンスミルク社を起こし、ネスレとアングロ・スイスは株式の39％を所有した。こうして1929年を前に、ネスレとカイエ、ペーター、コーラーはついにひとつにまとまった。ただし、製品は依然として、ペーター、カイエ、コーラー、ネスレのブランド名で販売されていた（注39）。チョコレートの人気に火がつくのは第2次世界大戦後だ。価格競争が激しくなり、大手メーカーへの集中が進んだが、相対的に価格が下がったため、消費量が格段に伸びた。

## 低温保存

食品を低温で保存すれば長持ちする。これは何千年も前から知られていた。冬になれば、湖の氷を切り出して氷室や倉庫に保存しておくといった工夫がされてきた。工業化が進んで食肉処理場や醸造所、さまざまな業界で氷の需要が増えた。

国全体に継続的に食料を供給するために、ミルクやコーヒー、スープなどを乾燥させ、缶詰にするといった方法が編み出されたが、なんといっても貢献度が高かったのは冷却の技術である。1914年、アメリカの氷業界の供給量は年間2100万トンに達し、その半分は家庭用だった。1880年の段階で製氷量はすでに500万トンに達していた。中央ヨーロッパでは、気候上の理由から、氷の需要はアメリカの規模には届かなかった。それでも専門の製氷工場がつくられると、冷却ブームが始まり、やがて電気冷蔵庫の登場とともに氷の需要は減っていった（注40）。

1876年、カール・フォン・リンデ（1842—1934年）が冷凍装置を開発した。これがいまの冷凍技術へとつながっている。ドイツ・アウクスブルクの機械工場と醸造所の協力を受けて冷凍装置をつくったリンデは、続いて圧縮機技術を開発し、世界に大きく踏み出した。工業化が進んだ地域では、増加する人口に新鮮な食料を供給するために、氷工場と冷蔵倉庫が続々とつくられていた（注41）。まもなく貨物船にも冷凍設備が備わり、南米からヨーロッパに生肉が輸送されるようになる。ヨーロッパで冷凍肉を主に輸入していたのはイギリスだ。アメリカは国内需要を満たすのに手一杯だったため、アルゼンチンやニュージーランド、オーストラリアから輸入することにした。となれば、温度を管理することができるコールドチェーンを整え、食品を低温で長距離輸送する必要がある。

繁栄を謳歌する豊かな世帯でさえ、天然の氷を用いたアイスボックスを使っていた。上部に氷を入れ、仕切られたスペースのなかに食料品を置く。いちばん下には、溶けた氷水を受けるタンクがあった。1日当たり平均8キロの氷を要するが、1900年当時、ドイツの天然氷は1ハンドレッドウェイト当たり約50ペンスで、職人の2～3時間の賃金に相当した。1910年、アメリカで初の電気冷蔵庫が販売されると、すぐに受け入れられた。しかし、ヨーロッパでは、店舗でもレストランでも、人工の氷を使う冷蔵設備が1950年代まで使われていた。個人宅も同様で、費用が安くつくという理由からだった。

初のドラム型冷蔵庫は1933年、ドイツのロバート・ボッシュがつくった。開発に4年、そして365ライヒスマルクが費やされた（注42）。自動車部品にも進出したボッシュは、この冷蔵庫で家電市場での足場を固めた。価格の高さが影響して販売数は約5500台にとどまったが、ボッシュは1936年、クラシックな長方形のキャビネット型冷蔵庫を売り出した。1935年までにドイツ全体で3万台の冷蔵庫が製造されたが、アメリカでは1937年に200万台にまで達していた。

冷蔵庫が豊かさのシンボルとなったのは、ヨーロッパでは戦後からだ。1960年までに西ドイツの約半分の世帯に冷蔵庫が普及した。それに歩調を合わせて、人々の買い物と消費の習慣ががらりと変わった。生鮮食品が一大ブームとなり、冷凍技術のおかげで調理済み食品の購入にも拍車がかかった。

アメリカの水産生物学者、クラレンス・バーズアイは、1915年から1922年にかけてカナダのイヌイットたちの暮らしを観察した。北極圏の温度で凍った魚を解凍すれば、何週間後でも何カ月後でも新鮮なまま食べることができる。その観察をもとに、2本のベルトを使う冷凍装置を考案したバーズアイは、冷凍食品の発明者といわれている。1923年には食品の急速冷凍装置のデモンストレーションがおこなわれ、その特許と商標権は1929年までにゴールドマンサックス・トレーディング・カンパニーとポスタム・カンパニー(後のゼネラル・フーズ)が買い取った(注43)。1930年以降のアメリカでは、生の果実や野菜など、さまざまな冷凍食品が手に入るようになった。ヨーロッパでは第2次世界大戦後まで、冷凍製品はさほど注目されていなかった。1941年にスウェーデンのマラボウ社がフィンダス社を買収し、1945年からホウレンソウやグリーンピースなどの冷凍食品を製造。1949年には冷凍魚の切り身が商品に加わった。1962年、ネスレは同社を吸収合併した。

冷凍魚は根強い人気があった。1960年代には加熱していない食材が、1970年代と1980年代には調理済み食品やベーカリー製品、フレンチフライが冷凍食品に加わる。現在に至るまで、調理済み冷凍食品のバラエティは豊かになる一方だ。1956年、ボッシュは初めて冷凍庫を売り出した。1959年には、ホテルやケータリング業界、食品業界向けの大型の冷凍機器が市場に登場した。とはいえ、アメリカと比べると、発展のペースは20年くらいの差がついていた（注44）。

小規模の店がたくさん集まる食品市場があちこちにできたことで、社会全体に良質な食品が継続的に行き渡るしくみができた。19世紀にはこうした食品市場が続々と登場して、自給自足経済から消費者向けビジネスへと移行した。人々の考え方も自然と大きく変わっていった。18世紀には政府が貿易収支のバランスを見ながら国内の食料の消費量を調整しており、国内で食料を消費するのは、商品の価値を損ない、国の富を奪うのと同じであると見なされたが、19世紀に自由主義が広まると、こうした見解がようやく覆された（注45）。

工業生産の方法や新しい食材の開発、小売業界と協調した効果的な物流――。これらのうちのどれが欠けても、現在のような多様な品揃えは実現しなかっただろう。

## ベビーブーマーたちの時代の後、何が変わったか

アメリカでは1940年代半ばから1960年代半ばまで、ヨーロッパでは1950年代半ばから1960年代半ばまでベビーブームが起きた。この時期に生まれた、いわゆるベビーブーマーたちはかつてない豊かさを謳歌した。食生活では、ファストフードとインスタント食品が彼ら

のライフスタイルの象徴となった。それ自体は20世紀前半の50年間に発展したものだが、トレンドの主役に躍り出たのは第2次世界大戦後になってからだ。食品の製造技術が一段と発展し、食品の新たな販売流通形態が急速に発達、賃金が上がり、食品の価格は下がった。何もかもがふんだんにあり、大多数の人に行き渡った（注46）。

ファストフードという言葉は、1950年代半ばにアメリカで生まれた。「注文してテイクアウトし、短時間で食べてしまう食事」といった意味が込められている。こうした食事習慣は19世紀末には生活に溶け込んでいた。自給自足の生活スタイルは、19世紀から20世紀になるころにはもはや一般的ではなくなっていた。たとえば、ベルリンではミートボールなどの肉料理とパン、ロンドンではフィッシュ・アンド・チップスなど、つくりおきで手ごろな価格のものが食堂で提供されていた。都市の住人の食生活は、伝統的な野菜食から現代のファストフードに近いものへと変わっていった。都市生活者は、マーガリンやバター、ラードを使ったサンドイッチ・スプレッドやソーセージ、チーズ、缶詰の魚などを食べるようになった（注47）。

食生活が変わった理由としては、女性の社会進出が進み、家事と食事づくりに時間をかけられなくなった事情がある。それでも、「家でオーブン料理をつくる完璧な主婦」といったイメージは根強く残り、世界各国のファストフードはそれぞれ伝統的な料理を基盤として発展していった。

ビジネスだけでなく食事にも、「時は金なり」とばかりにスピードが求められた。アメリカでもヨーロッパでも、工業からサービス産業へと社会が転換していくにつれて短時間のランチ休憩を挟んで働くようになり、いったん家に帰って食事をすることは現実的ではなくなった。職場と家庭の距離が遠くなったのだ。手ごろな価格で食べられるファストフードのランチが流行った背景には、こうした事情がある。アメリカでは、手軽なランチを提供するレストランが1919年から1929年のあいだに3倍になった。ファストフード市場では、1930年ごろにはドラッグストアが大きな市場シェアを獲得した。ファストフードがドラッグストアにとって最も重要な収入源となったのである（注48）。

アメリカでのファストフードの発展は、クルマの利用と切り離せない。クルマが食事の場となり、「ドライブ・アンド・ダイン」という表現も生まれた。1921年、初のドライブインのファストフード・レストランがダラスでオープンした。制服姿の若い女性が注文を受けて、客は車内で食事をするというスタイルだ。1964年には、全米でドライブインが3万店を突破した（注49）。「アメリカでは6食に1食はクルマのなかで食べられている」とまでいわれた（注50）。ハンバーガーで人気のファストフード・チェーン、マクドナルドの快進撃は1940年代から始まった。

自動販売機のアイデアは1870年代のアメリカで進んだ。1886年、ドイツのケルンでチョコレートを製造していたルートヴィヒ・シュトルヴェルクがこのアイデアに目をつけ、住宅メーカーのセオドア・バーグマン、マックス・ジーラフとともに初の自動販売機をつくった。ジーラフは1887年に金銭処理システムを開発して特許を取得している。シュトルヴェルクは1895年、ケルンでシュトルヴェルク・アンド・カンパニーを創業し、自動販売機の生産や据え付け、組み立て、メンテナンスまで手がけた。

同社の事業はさまざまな軋轢を生んだ。競合相手は、地元の取引規制と日曜日や祝祭日の再販売禁止に違反していると法廷で不服を述べた。教会は、日曜日に菓子を販売することを批判し、レント（四旬節）の期間に信者を誘惑するおそれがあると指摘した。公衆衛生の観点からの批判もあった。

シュトルヴェルクの友人、ジョン・フォルクマンは1892年、ニューヨークで初めてアメリカ国内向けにシュトルヴェルクの機械をつくり、チョコレートだけではなくチューインガムも販売した。初の自動販売機レストランは1898年に出現した。世紀の変わり目のアメリカで、セルフサービスのレストランは大好評を博した。1929年、冷たい飲料を厚紙やプラスチック製のカップで売る自動販売機が実用化され、缶や瓶で販売する機械もすぐに登場した（注51）。

## アイスクリーム――専門店から大量生産へ

アイスクリームは、手軽に食べられるファストフードとしてすっかり定着している。1870年から、主だった都市の街角でアイスクリームの移動販売がおこなわれていた。棒つきのアイスキャンディーの特許を1923年に取得したのは、アメリカのレモネード製造業者フランク・エパーソンだ。

アメリカでは第2次世界大戦後にアイスクリームの売上が飛躍的に伸びた。1946年の1人当たりの消費量は、すでに今日とほぼ同じ約18・5リットルに達し、アイスクリームの売上でアメリカはトップを走り続けている。アメリカ人は常日頃からスーパーマーケットで2リットル入りのパックを買っている。中国におけるアイスクリームの消費量は2014年には1人当たりわずか4リットルだったが、その後、市場規模でアメリカをしのぐまでになった。2016年の消費量はアメリカが58億リットルであるのに対し、中国は59億リットル、ドイツは5億4500万リットルで世界第5位である(注52)。

工業生産されたアイスクリームのEU内の市場は約22億リットル、市場価値は約90億ユーロである。ヨーロッパのアイスクリーム消費量は、年間1人当たり平均6・8リットルだ。

EU諸国でアイスクリームを製造する会社は約100社あるが、その大部分が中小規模で、全体で1万5000人が雇用されている(注53)。

## コカ・コーラ——薬からライフスタイルへ

1880年代半ば、ジョージア州アトランタの薬剤師ジョン・S・ペンバートンは頭痛と倦怠感のための薬の調合に取り組んでいた。そうした薬はシロップ状で、スプーンで与えられるのが一般的だった。しかし、ペンバートンのシロップはそのままでは飲みにくかったので、ソーダ水で割ることにした。1886年5月8日、アトランタのジェイコブズ・ファーマシーで、グラス1杯5セントでソーダ割りのシロップが、ソフトドリンクではなく薬として販売された。1日当たりグラス9杯から13杯売れれば採算が取れるはずだった。

同年が終わりに近づいたころ、ペンバートンの帳簿係フランク・M・ロビンソンは、この商品を当時人気だったソーダファウンテンで売るために赤と白のレタリングを考案し、「コカ・コーラ」と名づけた。ペンバートンの死からまもない1888年、医薬品卸売業を営むエイサ・G・キャンドラーが2300ドルでコカ・コーラの権利を買った。1892年、彼はそれを瓶詰にして売ることにし、ザ コカ・コーラ カンパニーを設立する。当時のアメリカでは各州が続々とアルコールの製造と消費を禁じており、コカ・コーラは「アルコールの代替品」として人気が急上昇した。ソーダファウンテンだけでなく、1899年には王冠つきの瓶詰がつくられて全米に広まった。1919年、エイサ・キャンドラーの息子ハワードは、アーネスト・ウッドラフとユージン・ステットソンの合弁企業にコカ・コーラ社を2500万ドルで売却。1923年には、アーネスト・ウッドラフの息子ロバートがコカ・コーラ社の社長に就任した。マーケティングの天才と謳われる彼の手腕で、コカ・コーラの販売は世界中に広まった。こうしてコカ・コーラは単なる飲料ではなく、現代のライフスタイルの一部となった（注54）。

## すぐに、簡単に、おいしく食べるために

ファストフードとは、軽食を含め、その場あるいはテイクアウトしてすぐに食べられる食べ物を指す。それに対してインスタント食品は、時間のかからない簡単な調理で食べられる食べ物全

般を指す。その意味では、伝統的なソーセージや、1958年から市場に出回っている袋入りあるいは缶入りのスープ、マギーのラビオリの缶詰もインスタント食品だ。インスタント食品は5つに分類できる。

第1は、冷凍野菜や冷凍した切り身魚、ベーキングミックスなど、そのまま料理に使える食品だ。第2は、半調理済みの食品。ゆでて食べる麺類や、オーブンやフライですぐに調理できるように衣をつけたりマリネにしたりした肉類、冷凍フレンチフライなどがこれに含まれる。第3は、水分を加えたり混ぜたりする形態の食べ物。たとえば、粉末のマッシュポテトや、パック入りのスープ、アジアの麺製品などだ。第4は、調理済みの缶詰や冷凍食品など。容器に移してオーブンで短時間加熱したり電子レンジを使用したりする。インスタント食品の第5のグループは、そのまますぐに食べられる食品だ。朝食用シリアルやヨーグルト、アイスクリーム、パンなどオーブンで焼いた食品、魚や肉や果実の缶詰など。インスタント食品といえば、チョコレートバーやスナック、ファストフードを思い浮かべる人にとっては、意外かもしれない(注55)。

電子レンジの発明で、インスタント食品はさらに人々の食生活に浸透した。一般の家庭にも1960年代半ばから電子レンジが普及した。アメリカでは1975年に初めて、電子レンジの売上の伸びがガスレンジを上回った。1976年にはアメリカの世帯において、食器洗い機よりも電子レンジのほうが普及率していた。今日、日本では98%、アメリカでは85%、ドイツでは75%の普及率となっている(注56)。

インスタント食品は、世界の朝食の習慣まで変えてしまった。その立役者は、ネスカフェとケロッグのコーンフレークだ。

## コーヒーのアロマを逃すな

1930年、ネスレとネスレ・アングロ・スイス煉乳会社の会長を務めていたルイ・ダプレスのもとに、ブラジル政府とブラジル・コーヒー協会の代表らが訪れた。「コーヒーをそのフレーバーごと濃縮させ、熱湯に簡単に溶けるものをつくりましょう」。ルイ・ダプレスは彼らにそう提案した。ネスレは、液体のミルクを乾燥させた製品で世界をリードする企業である。一方でブラジルは、コーヒーの豊作で苦境に立たされていた。世界市場での価格暴落を免れるには、生産量の一部を処分するしかないのだろうか。

濃縮して保存できれば、価格の変動を回避できるうえに、新たな顧客を掘り起こすこともできる。しかし、実現には時間がかかった。ルイ・ダプレスの指示で、スイスのネスレ・リサーチ・ラボラトリーのマックス・モーゲンターラー率いる研究チームは作業に取り組んだが、コーヒーのアロマを封じ込めることに成功するまでには、かなりの年数を要した。

1937年の春、とうとう可溶性の粉末の工業生産が実現した。1938年4月には、ネスカフェがスイスで売り出された。瞬く間に売上を伸ばし、短期間のうちにネスカフェの工場はフランスやイギリス、アメリカでも建設された（注57）。アメリカ軍の部隊の展開とともにネスカフェも広まり、世界的に行き渡った。ドイツでは1943年からネスカフェが製造されていたが、当初は、空軍の航空機搭乗員向けだった。1950年代に入ると、ベビーブーマーの成長とともにネスカフェは、ファッショナブルな飲料になっていった。以後もネスカフェの製造法は進化を遂げ、多様な種類のフレーバーが世に送り出された。今日、スイスで最もブランド価値が高いのは「ネスカフェ」である。

## サナトリウム生まれの朝食

今日、世界で一番人気の朝食用シリアルのもとをたどると、1866年に設立されたサナトリウム、ウェスタンヘルスリフォーム・インスティテュートに行き着く。セブンスデー・アドベンチスト教会の信者、ジェームズ・ホワイトと妻のエレン・G・ホワイトが、ミシガン州バトルクリークにつくったサナトリウムである。夫妻の信仰と自然療法（ナチュロパシー）にもとづいて肉やアルコール、タバコ、コーヒーを断つように勧め、患者は主にパンを食べていた。

1876年にジョン・ハーヴェイ・ケロッグがサナトリウムの運営を引き継ぐと、弟のウィル・キース・ケロッグもそこで働きはじめた。兄弟はサナトリウムの患者のために、パンに替わる食品を探した。水をたっぷり含んだコムギ粒が身体によいと発見したのは偶然だった。それを押しつぶして乾燥させたものを病み上がりの患者向けに提供しようと、彼らは通信販売の会社を設立した。ウィル・キース・ケロッグは実験を続け、トウモロコシを材料とするコーンフレークを開発した。

彼らの朝食用シリアルの成功を受けて、バトルクリークではたちまち40カ所以上で朝食用シリアルがつくられるようになった。企業家たちは、できるだけ製造工程をシンプルにしてコストを削減し、高額な健康食品をつくることをめざした。１９０６年にはウィル・キース・ケロッグが、バトルクリーク・トーステッド・コーンフレーク・カンパニーを設立。１９２２年に同社はケロッグ・カンパニーとなった（注58）。

ケロッグのコーンフレークが好評を博した理由としては、巧みなマーケティングと広告の成果、そしてアメリカ人の食習慣の変化がある。19世紀の終わりまでは、パンや粥と焼いたベーコンという朝食が一般的で、それなりの手間がかかっていた。20世紀を迎えるころには、もっと手早く簡単に食べられるものが求められた。コーンフレークならば、ボウルに入れて牛乳などを注ぐだけでいい。衛生的な方法で袋詰めされたコーンフレークは宣伝を通して知名度をあげた（注59）。

もともとサナトリウムで発明されたコーンフレークは、当初から身体にいいと謳われ、広告も健康をアピールした。しだいに種類が増え、砂糖を加えた製品も登場すると、子どもや若い人たちにとって魅力的なものとなった。

## 世界の食品メーカーの取り組み

ハーバードビジネススクールは２０１５年11月、ネスレのケーススタディにおいて大手の多国籍食品メーカーの状況を調べた（N 9-716-422）。大部分はネスレと同じく19世紀後半あるいは20世紀初めの創業だった。製造方法は絶えず改善を重ねられ、1950年から1990年までに加工食品とインスタント食品の質は飛躍的に向上した。

2013年、工業生産された食品においては、世界の大手食品メーカー500社が70％の市場シェアを握っていた。食品市場全体を見ると、1・5％をわずかに上回るネスレが市場リーダーだった。食品メーカーの時価総額は世界全体で7兆ドルだった（注60）。

各社は1990年代半ばから、世界規模の環境問題と人々の健康問題にいっそう力を注ぎ、多様な取り組みがなされた。消費者の行動も敏感にそうした問題を反映していた（図表4）。

## ペプシコ――より健康な食べ物への切り替え

ペプシコは1970年代から幾度となく合併と買収を繰り返し、2014年には世界第2位の食品および飲料メーカーの地位を獲得していた。

2005年に同社は初めて持続可能性報告書を発表し、製品をつくる際の水とエネルギーの削減にかける熱い思いを明らかにした。2006年からペプシコは、よりいっそう健康に留意した食品と飲料の製造に注力した。が、結果的に2011年まで市場シェアと売上高を減らすことになったと、市場の動向にくわしい人々はとらえている。ペプシコはこれを経費削減で乗り切り、新たな原材料の開発にも乗り出した。

図表4　フードシステム——農産物加工から栄養と健康まで

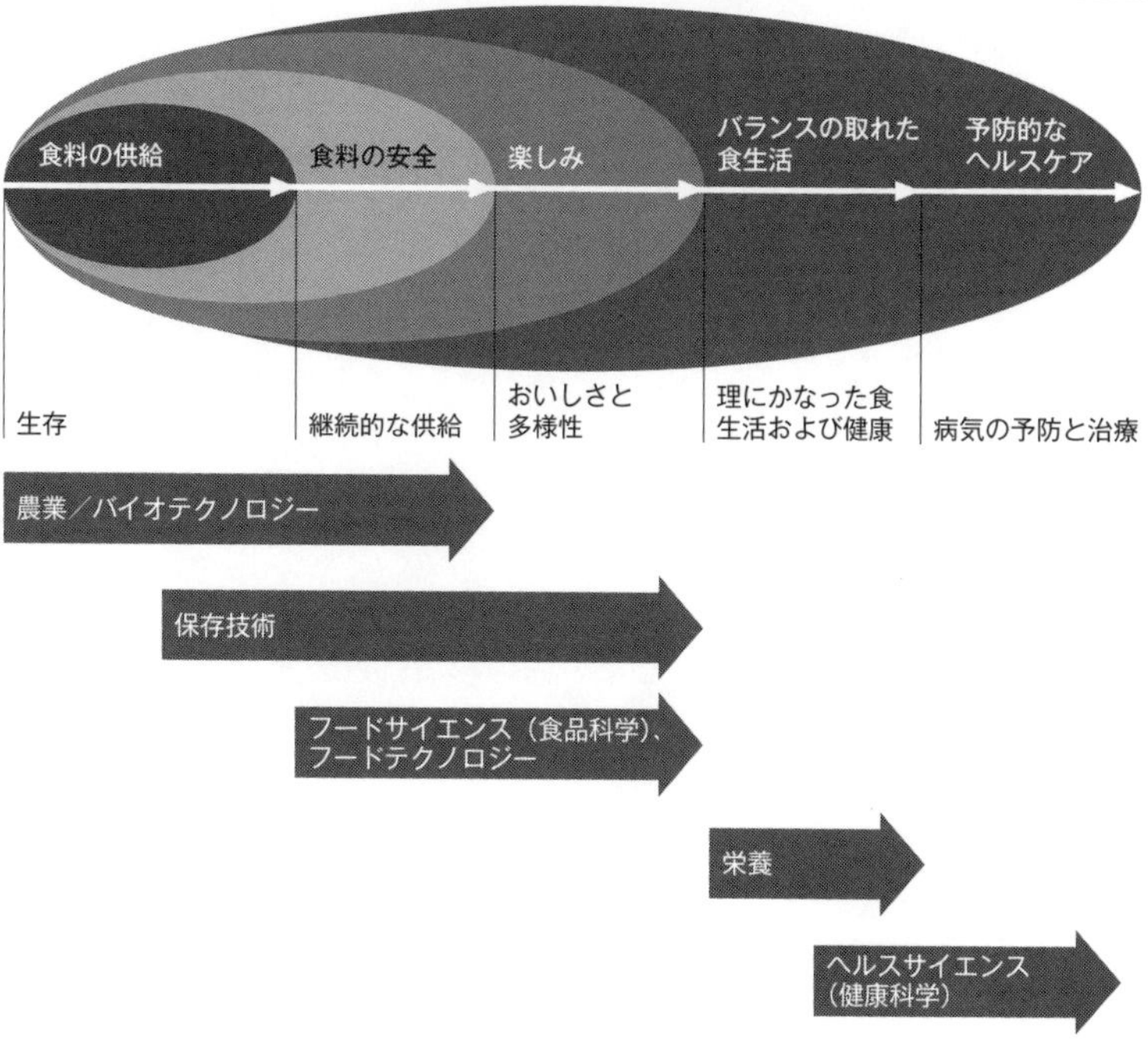


## ユニリーバ——農産物の持続可能な生産

ユニリーバ・グループの創業は１９２９年、当初から食品だけでなく、洗剤とトイレタリーの大手メーカーでもあった。１９９９年以来、核となるブランドを４００にまで絞り込んだ。１９９０年代からは農産物の持続可能な生産を推進し、２０００年のダウ・ジョーンズ・サステナビリティ・インデックス（ＤＪＳＩ）では食料品部門および飲料部門のトップとなった。

　サステナビリティの分野でリーダーになることをめざ

し、2010年にそれを達成した。2014年には、同社が使う農産物の48%が持続的に調達されている。食品事業への焦点を弱めてパーソナルケア製品の分野を拡大した結果、2015年、ユニリーバは食品メーカーではなくパーソナルケア製品のメーカーとして分類された。

## コカ・コーラ――カロリー含有量の削減

2014年、ノンアルコール飲料の世界最大のメーカーはコカ・コーラだった。同社が2002年に発表した初の環境報告書で強調したのは、水とエネルギーの消費量削減と廃棄物の削減である。世界全体で肥満と糖尿病が増加したことを背景に2008年からは、顧客に向けた、運動による健康増進の啓発に力を注いだ。2014年には100を超える市場で、カロリー控えめ、あるいはゼロの新製品を売り出した。パッケージの小型化も、カロリー削減への取り組みの一環である。

## モンデリーズ――「よりよい選択」を促す

モンデリーズ・インターナショナルは、ネスレ、ペプシコに次ぐ世界第3位の食品メーカーである。1903年にシカゴで創業されたチーズメーカー、クラフトフーズをルーツとする。クラフトは1988年、たばこメーカーのフィリップ・モリスに買収されたが、すでにゼネラル・フーズもフィリップ・モリスに買収されていた。フィリップ・モリスはこうして、一時的だが世界最大の食品コングロマリットになった。その後も合併と買収が続き、2007年、クラフトは再び独立企業となり、上場会社となった。2010年にはイギリスの菓子メーカー、キャドバリーを買収する。2012年からは2つの上場会社に分かれ、グローバルな事業はモンデリーズ・インターナショナルがおこなうことになった。

モンデリーズは「よりよい選択」というモットーのもと、より健康的な製品にするために、自社製品の見直しに取り組んだ。資源の利用や環境に与える影響を改善し、消費者の意識改革を促す「マインドフル・スナッキング」プログラムを展開した。

### ダノン――可能な限り多くの人々に栄養と健康を

ダノンは乳製品の世界最大のメーカーであり、ボトルウォーターと子ども向け栄養食品の分野では世界第2位だ。ここに至るまでの道のりは長かった。1973年、ダノンはフランスのガラスメーカー、ブッソワ・スーション・ヌヴェセル（BSN）と合併し、食品市場に参入した。当初からめざしたのは強力なブランドの構築だ。新会社BSNジェルベ・ダノンは、最初の数年間は社名をBSNとしていたが、1990年代の初めにはダノンの名前が復活した。

1997年、同社は乳製品とボトルウォーター、ペストリーに集中すると決め、2000年代前半にヘルシーフードのメーカーとしての地位を固めた。2007年には、微量栄養素を強化した製品づくりをするクラフトフーズのビスケット部門を買収する。2012年からは、チルド乳製品、ウォーター、乳幼児向け食品、医療用栄養食の4部門に事業を集約した。

ダノンは、食品および飲料メーカーから、消費者の食生活にポジティブな影響を与える企業への転換をはかることをめざしている。同社は「世界中のより多くの人々に食を通じて健康をお届けする」ことをミッションとし、「栄養（Alimentation）」という言葉を要として研究開発の領域を充実させている。

## 「ナチュラルネス」というブーム

1970年代から環境保護運動とヘルスコンシャスな意識が高まると、マーケティングの方向転換が促されるようになる。農家や田舎、オーガニック、バイオなどといった自然に関連する言葉が、消費者を惹きつけるキーワードとなった。1984年には、アメリカで工業生産された食品の20％が「ライト」または「ダイエット食品」を謳っている。

社会がより豊かになり、食べ物が持つ意味はまったく新しいものになった。象徴的な意味合いが強くなったのである。状況やライフスタイル、思想が、食べ物で表現されるようになった。こうしたブームのなかで、食品の工業生産によって人々の健康状態が向上し、世界の幅広い地域で平均寿命が格段に伸びたという事実は忘れ去られていった。

## 研究の発展――最先端のニュートリゲノミクスまで

ネスレの歴史は、研究開発の歴史でもある。1867年の創業時に売り出した「ネスレ乳児用シリアル」はアンリ・ネスレが研究開発の末につくりだしたものだ。ネスレでの現代的な意味の研究開発（R&D）は1930年代から始まった。初のインスタントコーヒー開発だ。マックス・モーゲンターラーが率いるチームが製造法を編み出し、1938年に「ネスカフェ」のブランドで市場に投入された（注61）。

ネスレ初の研究所は、原材料から最終製品まで生産プロセス全体において厳正な品質基準と安全基準を満たすために設立された。その後、研究開発の役割は、新製品の開発や、研究所での実験結果を工業生産に組み込むことに移っていった。とはいえ、スイスのオルブにあるネスカフェの開発センターでおこなわれた初の実験結果の意義は大きい。大量の生乳の加工とチョコレート生産の合理化は、初期の研究開発の大きな成果だ。1950年代の研究開発からは、特選食品の開発や、新しい原料の使用、完全なオートメーション化、フリーズドライ製法の開発といった重要な成果があがっている。

### 基礎研究と実用的な開発の共存

ネスレの研究開発は、「基礎研究」と「実用的な製品およびプロセスの開発」の2本立てでずっと進められてきた。基礎研究によって得られた最新の科学的知識を新製品に、あるいは製品やプロセスの改善に注ぎ、実用化に向けたテストが世界各地の開発センターでおこなわれた。「レコ（Recos）」と呼ばれるネスレの技術開発会社はそれぞれ、1つもしくは複数の製品分野に特化して、発展を支えている。

1987年には、世界10カ国に合計18のレコがあった。1980年代前半にはシンガポールとエクアドルに1カ所ずつ、その10年後にはコートジボワールに1カ所つくられている。途上国のレコでは、コーヒーやココア、大豆などの原料や地元で採れる作物を調べたり、それを最適なかたちで活用する方法について調べたりする。また、地元向けの製品開発にも力を入れた。従来の製品に加え、購買力が低い国々向けの製品づくりも、ネスレの戦略のひとつである。世界中どこでも、そこで暮らす人々のニーズを満たす、価格の安い製品をつくる。これが「PPP戦略（Popular Positioned Products：手の届く価格帯の製品群を提供する）」である。

PPP戦略がスタートする一方、1970年代には、食生活に関連する疾患の研究も始まっていた。1968年にオルブに設立されたラボラトワール・ビオロジークでは、今日の「栄養」に含まれる領域の基礎研究をおこない、肥満や糖尿病、高血圧といった問題を扱った。この研究所は後にネスレ リサーチセンター（NRC）に合併された。

その他にも1950年代からは、ヴェヴェーのアントレ・ドゥ・ヴィルの研究所で基礎研究が集中的におこなわれていた。会社の急成長にともない、ローザンヌのヴェル・シェ・レ・ブランに新しく基礎研究のための現代的なセンターがつくられた。1987年に稼働したNRCは、民間の食品研究施設としては世界最大のものとなった。ここでは当初から、化学者や物理学者、生物学者、細菌学者、生理学者、免疫学者、実験医学者、毒物学者、心理学者、コンピュータサイエンティスト、数学者をはじめとする、あらゆる領域の専門家400人が研究に励んだ。

彼らは、食生活が人の身体の状態と機能に与える影響を調べ、具体的な栄養のニーズを特定することをめざした。炭水化物やタンパク質、脂質など、食品に含まれる成分や食生活そのものが研究対象だ。とりわけ、途上国については重点的な研究がおこなわれた。地元で入手できる作物をいかに効果的に活用するかが大きなテーマだった。1990年にNRCの経営を引き継いだヴェルナー・バウアーは、もともとコントラクトリサーチの分野で活躍していた人物だ。ネスレの基礎研究を、より利用者志向で、市場のニーズに即したものにしていこうという姿勢のあらわれである。

NRCと各地に分散しているレコは、ヴェヴェーにある本社の取締役会の直轄となっていた。1987年、研究開発の初の責任者として、ブライアン・スーターがエグゼクティブ・バイスプレジデントに任命された。それまでレコ同士は緩やかな協調関係にあったが、スーターはその連携を明確な制度にした。1997年には、テクノロジー、生産、環境の研究開発の責任が取締役会に集約され、エグゼクティブ・バイスプレジデントのルパート・ガッサーが責任者となった。

ガッサーは、レコの数を整理し、特定の製品カテゴリーに取り組む体制を整えて、名称をR&Dセンターとした。ヴェルナー・バウアーとガッサーは、R&Dセンターの機能の一部を製品技術センター（PTC）に貸し出すしくみを整えた。多数の研究領域にまたがる幅広いスキルと専門知識、戦略的な事業ユニット、個々の市場を結びつけるためである。たとえば、コーヒーについては、スイスのオルブとアメリカのメアリーズビルにある2つのセンターですべての研究をおこなう。ミルクについては、コノルフィンゲン（スイス）のセンターが研究をおこなう。

このように集約した結果、開発のスピードと品質が向上し、市場への成果の投入も順調に運んだ。PTCは個々の製品群全体の責任を負い、R&Dセンターはそれぞれの地域に集中する。

グローバル化が進む一方で注意を払ったのは、地域それぞれの風土や味の好み、文化的背景に合わせた製品を提供することだ。それをサポートしたのが、応用開発グループである。ほぼすべてのネスレの工場で、その地元ならではの味や嗜好に合わせたり、地元の原材料を使ったりして製品に修正を加えることは、以前からおこなわれていた。

## 栄養こそ、最も重要な内部成長領域

ネスレは1997年に、栄養、すなわち健康的な食事を最も重要な内部成長領域とし、CEO直轄の戦略的事業部を創設した。2006年、ネスレ ニュートリションは、本社が管理する独立の事業部になった。企業としての新たな戦略目標が設定され、NRCは栄養の研究に集中することとなった。食生活と健康の関係を解き明かし、特定の栄養のニーズを満たして味と品質の面でも満足してもらえる製品を開発することが重大な使命である。消費者に提供する7つの優先項目は、「体重管理」「体力の向上」「免疫系の機能維持」「消化力の向上」「子どもと青少年の成長と発達」「高齢者の健康の維持」「健康と美容」だ。

コスト削減も重要なテーマだった。もちろん製品の品質に妥協は許されない。原材料については、特に途上国での最適な活用法と加工法の開発に重点が置かれた。素材を生かすかたちで保存できる方法を開発することも、課題のひとつだった。

環境、消費、製造工程の変化は、次々に新しい研究課題をもたらした。ネスレは何十年も前から、押出機で朝食用シリアルやアイスクリーム、エナジーバー、パスタ、ペットフードを成型してきた。１９９０年代半ばにはＮＲＣの研究者たちが、押出機のテクノロジーを応用して「低温凍結」法を開発した。これでアイスクリームをつくると、味は従来と変わらず、カロリーは３分の１にまで減らすことができた。

２０００年代、ＮＲＣは外部機関と企業との協力関係を強化した。２００６年後半にはスイス連邦工科大学ローザンヌ校（ＥＰＦＬ）と「ブレインフード」の共同研究を始めている。健康的な食を求めて製品化しようとすれば、バイオテクノロジーの領域との連携は不可欠となり、その領域を専門とする企業との関係が築かれていった。

## 分子栄養の領域へ

分子配向が注目されるとともに、ひとりひとりの人間が研究対象としてクローズアップされるようになった。遺伝学とエピジェネティクスが代謝の働きにどう影響するのかを科学者たちは解き明かそうとした。栄養物が果たす役割の研究も進んだ。脂肪分の多い食生活を好む人、タンパク質をたくさん摂りたがる人、炭水化物をより多く求める人がいるのはなぜか。データサイエンスの進歩で、より多くの情報の収集や保存、検討が可能となり、この疑問の解明を助けている。科学的な調査をもとに、多くの仮説、新しい分析、新しいアイデアが生まれた。

2011年、ネスレは、個別の栄養ソリューションを提供するための科学的根拠を得るためにネスレ インスティテュート オブ ヘルスサイエンス（NIHS）を創設した。健康を維持し向上させるため、生物医学と分子栄養の科学的研究をおこなう。ここでは、定量的なヒューマンプロファイリング、統合システムバイオロジー、ビッグデータ分析ツールを開発し、活用している。NIHSの長期的な目標は、遺伝子と代謝、環境の関係をさらに追求し、栄養と医療において満たすべきニーズに取り組み、他に先駆けて生涯にわたる栄養ソリューションを個別化して提供することである。

目標達成に向けて、消化器系の疾病予防や代謝、ブレインヘルス、高齢者の健康のための栄養ソリューションに的を絞った研究がおこなわれている。客観的な研究結果から、すぐれた診断がなされ、科学的な根拠にもとづく個別の栄養ソリューションが提供される。NIHSのディレクター、エマヌエル・E・ベトゲのもと、上級研究員たちはさまざまなシステム生物学的アプローチをおこなっている。

・ゲノミクス、プロテオミクス、メタボロミクスのプラットフォームをつくり、消費者と患者のデジタルの分子レベルでの「ヘルスチェック」に活用する。
・臨床的に意義のある生細胞モデルを開発し、老化のプロセスと一般的な慢性疾患の分子レベルでの特性をシミュレートする。
・分子栄養学を生かし、病気を予防するために分子の機能を維持し向上させる。
・栄養戦略の個別化を実現するための診断方法の開発。

生物医学に特化した研究所とNIHSの本部は、スイス連邦工科大学ローザンヌ校（EPFL）のイノベーション・パーク内にある。アカデミックで科学的な協力とパートナーシップを得るには絶好の環境だ。

2016年、NIHSとネスレは、サムスンとのコラボレーションを発表した。個人の食生活とライフスタイルを把握するためのデジタル・ソリューションを開発し、バランスのよい栄養や環境、ライフスタイルを実現して健康維持に貢献することをめざす。

## 世界最大の食品研究の民間ネットワーク

NIHSの野心的な目標を達成するには、研究と開発のグローバルなネットワークの存在が不可欠だ。ネスレの食品研究のネットワークは、民間としては世界最大のものである。柱となっているのは、NIHS、ローザンヌのネスレ リサーチセンター（NRC）、およびアメリカと中国と日本のセンター、ローザンヌを本拠地とする臨床開発ユニット（CDU）だ。さらに世界中に31の製品技術センターと研究開発センターがある（注62）。

NRCは主に基礎研究を担い、栄養と健康の基礎研究から製品開発、その応用に至るまでの科学的な専門知識を養うとともに新しい技術を開発する。NRCの研究者が取り組むプロジェクトは、「初めの1000日とヘルシー・キッズ」「ヘルシー・プレジャー」「ヘルシー・エイジング」「サステナブル・ニュートリション」の4つに大きく分けることができる。CDUはグループに分かれて100を超える臨床実験に取り組む。多様な治療領域のために医学の専門知識を提供し、データマネジメントと生物統計学のために専門的なノウハウを提供する。

ネスレの研究開発には世界中で5300人を超える人々が雇用されている。2014年、ネスレは研究開発に16億2900万スイスフランを投資し、300の特許登録をした。1979年当時の研究開発費はまだ1億5300万スイスフラン、1989年には5億スイスフランだったが、2005年にはすでに15億スイスフランに達していた。

他社の研究開発活動については具体的に述べることは難しい。基本的なコンセプトは、どこもネスレと大差ない。しかし、投じられる資金の規模や関連する既存の製品ラインの多様さで差がある。また、NIHSの研究者は組織内での自由度も高い。

# 第3章 増え続ける人口の健康と命を守る

## How can a growing world population stay healthy and live longer?

前章では、工業化で食料の製造法が劇的に変わったことについて取り上げた。工業化は人々のライフスタイルも大きく変え、食生活にも変化を起こした。新しく工業生産された食品は、以前に比べて栄養価が高く、安全で、価格は手ごろだった。生活の質と健康状態は向上し、寿命が長くなるというケースが社会のあちこちで見られた。食品業界がきちんと役割を果たし、途上国へ良質な食料を供給する基盤は、1930年にはすでに整っていた（注1）。

しかし、1950年代以降になると、発展とともに新たな課題があらわれた。世界の人口は1950年には25億人をわずかに上回る程度だったが、1990年には53億人、今日では73億人である。国際連合（UN）の予測では、2050年までに97億人に達するという（注2）。土地や水、エネルギーの獲得競争が激しくなっている。加えて35年後には、世界中で新たに24億人分の栄養価が高い食べ物が必要になる。現状でも8億人には、十分な食料が行き渡っていない。

こうした問題を解決できるかどうかは、グローバルなフードシステムと経済活動を連携させられるかどうかがカギとなる。ネスレにおいては、企業として消費者と社会のために付加価値をつくりだせるかどうかだ。これまで食品製造といえば、人が増えた分だけ多くつくる、すなわち、不足を満たすことだった。しかし、いま期待されているのは、量的に満たすだけではない。所得が一定の水準に達し、国としての発展が進めば、人は食べ物を量だけでは選ばなくなる。質も大きな選択の基準となる。

ネスレは、人々がよりおいしく健康的な食べ物と飲み物を選択し、個人あるいは家族の暮らしの質を高められるように、その手伝いをしている。食料と飲料の分野は、依然としてネスレの事業と戦略の重要部分を占めている。低所得層にも手が届く価格帯の製品から、高額な製品やサービスまで、業界で有数の幅広い展開をおこなっている。

1950年には、都市で暮らす人々は世界の人口のわずか3分の1だったが、2010年を境に人口の半分を超えた。国連の予測では、2050年には人口の3分の2が都市部で暮らすという。想像できるだろうか（注3）。都市の成長は、食料の生産と運搬のあり方を大きく変える要因となる。また、アジアや南米、アフリカの国々が急速な経済成長を遂げれば、人々の所得水準も高くなる。より多くの食料が必要となるのはもちろん、消費者のニーズも多様化し、それにこたえることが求められる。

西側の先進工業国では、所得水準の向上や低価格化、めまぐるしいライフスタイルの変化とともに小売業が大きな変貌を遂げ、食の外注化が進んだ。また、食料の消費量が増える一方で、身体を動かす機会が減る。それが、肥満や心血管疾患、糖尿病をはじめとする病気の引き金となった。

食料の消費量が過剰なまでに増えた背景にあるのは、単に消費者の事情やライフスタイルの変化だけではない。問題は、食料供給の構造にもある。食品メーカー間の激しい競争、小売業でも同じく競争が激しくなり、食の外注化が進むとともにその分野でも競争が起きて宣伝広告合戦が激化した。

健康問題以外にも、食料の消費量が世界的に増えたことによる負の影響があらわれている。資源の使い方とそれが環境におよぼす影響も、そのひとつだ。たとえば、包装パッケージがゴミとなって環境に与える影響は大きい。いずれも個々の努力だけでは解決できない。政府と多国籍組織、食料生産関係者が協調して臨むべき問題である。

## 食品業界に影響をおよぼした社会の変化

途上国の人々の食生活は、彼らの健康状態の向上や平均寿命の延びと強く結びついている。このことは、途上国の医師と統計学者が20世紀の初めに、すでに明らかにしていた。十分な食べ物と栄養を摂れれば、健康な人生を送ることができる。それがシンプルな結論だった。これを受けて国と企業は、食料の増産を実現しようと動いた。よりよい栄養を供給し、質の高い人生を実現させるために。

こうして数十年あまりにわたって、食料の源である農業の強化に力が注がれてきた。生産性向上を旗印に、生産方法の改善や農業の工業化の推進、施肥と害虫駆除の改善、作物と家畜の最適な選択がおこなわれてきた。

　1950年以来、食品業界を突き動かしてきたこの思考のパターンを「生産者パラダイム」と名づけたのは、2人のイギリス人科学者、ロンドン大学シティ校のティモシー・ラングとマイケル・ヒースマンだ（注4）。ラングとヒースマンは、「今後、栄養政策と食料生産、マーケティングは根本から変わることを余儀なくされるだろう」と2004年に予見していた。現在は3つの異なるパラダイムが競い合っている状況であると指摘する彼らが挙げたのは、「生産者パラダイム」「エコロジカル・パラダイム」「ライフサイエンス・パラダイム（統合生命科学パラダイム）」だ。

　「生産者パラダイム」とは、資源を費やして収量を増やし、資本と労働力を効率化しようというものだ。これには、大掛かりな工業技術が欠かせない。大規模に増産することで、マス市場への供給が可能になる。このパラダイムは、多様性よりも量の供給が重視される製品に向いているとラングとヒースマンは考える。

　農業生産と化学業界、医薬品業界とのつながりは、ますます欠かせないものとなってきている。食料システムのうち、市場は1950年以降、不均衡な成長を遂げ、消費者向けの製品の内訳にも偏りが生じつつある。傾向としては、より価格の安いもの、インスタント食品の割合が増えた。消費者の選択を左右するものとして、ブランドの重要性が高まっている。ネスレの発展は、はっきりとそれを物語っている。ネスレは買収を通じて売上高をコンスタントに伸ばしてきた。1960年代には41億スイスフラン、1970年には102億スイスフラン、1980年には245億スイスフラン、2015年は888億スイスフランへと。

生産者パラダイムでは、石炭と石油という、一見すると無尽蔵で安価なエネルギーを消費しながら、ますます規模を拡大し、機械化を進めてきた。物流網は世界中に広まった。土地や水をはじめとする天然資源も使い放題で、廃棄物と温室効果ガスの排出がどんな結果をもたらすのかについては無頓着だった。モノとサービスをどんどん提供すれば、人々の健康と生活の質が向上する、という単純なとらえ方だった。

## 表面化した環境への影響——エコロジカル・パラダイム

包括的な「エコロジカル・パラダイム」という新たな考え方が生まれたのは1970年代である。これは、食品業界と切っても切れないものだ。エコロジカル・パラダイムは、社会や環境、モノの製造と人の健康を総合的にとらえようというものだ。個人の生活の質は、全体のシステムが改善され、環境と生物多様性に配慮した工業生産が実現されることによって向上していくという考え方である。

環境の意義を一から考え直し、「伝統農法への回帰」や「バイオロジカル農業」「バイオロジカル畜産」「ナチュラルネスと地域性を重視したサプライチェーンの構築」が提案された。この大転換の発想は、裏返せば、農産物のグローバルな取引と食料の大規模な工業生産からの撤退を意味した。

環境保護活動はこれ以外にも、人間による自然破壊や資源の浪費、産業公害の問題を提起し、廃棄物の削減、従来型のエネルギー生産の削減などを提案する。エネルギー効率や資源の保護、包装資材の削減など、この時期に提起されたことの多くが、すでに経済システムの一部となっている。ネスレでは2005年から2015年にかけて製品1トン当たりのエネルギー消費を29％削減。同じく製品1トン当たりの温室効果ガス直接排出量を42・7％削減した。また同期間に製品1トン当たり水の使用を56％減らしている。2015年には105の工場で廃棄物ゼロを達成した（注5）。

いずれも、システムに抜本的な改革を加えることなく実現することができた。さらに、天然素材の使用やスーパーマーケットでの有機食品の品揃えも、特別なことではなくなった。新しいムーブメントが生まれ、成長し、いつしか社会の中心となっていた。もちろん、過激な主張のすべてが、こうして主流派に統合されていくわけではない。

## 生命科学と健康――ライフサイエンス・パラダイム

21世紀に入ると「ライフサイエンス・パラダイム」が登場した。ライフサイエンス・パラダイムは、エコロジカル・パラダイムと同じくバイオロジカルサイエンスに根ざすが、生産者パラダイムに異議を唱えるものではなく、科学的な知見をフードサプライチェーンに組み込もうとした。これにより、それまで領域として分かれていた農業と食品製造、ヘルスケアが、ひとつのまとまった力強いシステムを形成するようになった。また個人の健康は、政治や科学、産業が対処すべきテーマとなり、多くの課題が明らかになった。

ネスレ インスティテュート オブ ヘルスサイエンス（ＮＩＨＳ）がオープンする前年の２０１０年、フラウンホーファー研究機構プロセス技術・パッケージング研究所（ＩＶＶ）とヴァイエンシュテファン・サイエンスセンター（ＷＺＷ）はミュンヘン工科大学栄養生理学講座と協同で、食品および栄養に関する領域のイノベーションについて研究をおこなった（注６）。ドイツ連邦教育研究省（ＢＭＢＦ）からの依頼だった。その結果、この領域が、イノベーションが起きる可能性で満ちていることがわかった。とはいえ、イノベーションを実現するためには、食品業界がよりいっそう積極的に科学的知見を取り入れていく体質に変わることが求められる。今後、新たな科学的発見をすみやかに実用化し、市場の変化に柔軟に対応していくためにも。

食品メーカーと飲料メーカーはこの先、グローバルな規模での社会の発展に適応していくことになる、というのが研究者たちの見解だった。社会や消費者、科学界、経済そのものに関する新たな課題が待ち受けるはずだ。

フラウンホーファー研究機構の研究によれば、人口動態が変化し、高齢者が増加している社会は、「ライフサイエンス・パラダイム」なしにはやっていけない。高齢者ならではのニーズを満たすには、新しい栄養とヘルスケアのコンセプトを開発する必要がある。さらに、１人世帯の増加とモバイル社会で消費習慣が変化し、食のテイクアウトやインスタント食品のニーズはますます増えている。

食品業界全体での最大の課題は「増える一方の人口の食料をまかなうために、手ごろな価格で確実に供給することだ」とフラウンホーファー研究機構は明らかにする。いまのところ、妥当な料金のプライマリーケアはまだ行き渡っていない。また、食品の原材料となる作物とエネルギー資源となる作物とのせめぎ合いが、農産物の不足と高値の大きな原因となっている。

食品業界で競争力を保つには、資源の保護や利潤最大化、食用作物とエネルギー資源用作物の配分、効率的で持続可能な食料生産といった課題についての研究開発が重要となる。ラングとヒースマンにいわせれば、これは「生産者パラダイム」と「エコロジカル・パラダイム」の両方に通ずるものだ。

## さらに研究開発を

ドイツでは、研究開発に費用をかける大手の食品メーカーが売上高の約2％を研究開発に充てている。これに該当する企業は、２０１０年には全体の０・５％に過ぎなかった。他の業界に比べて極端に低い数字だ。中小企業となると、とりわけ低い。研究開発費の割合が最も大きいのは自動車産業で売上高の46・２％だ。電機業界と情報処理業界は20・２％と、食品業界を大きく引き離している。化学品業界は16・１％、機械は10・４％と、やはり食品業界よりも上位だ。労働市場と経済全体において大きな存在感を示している食品業界が、なぜかここでは、ぱっとしない（注７）。

食品業界の中小規模メーカーのうち約85％が、「技術をよそから持ってくる」タイプの企業だ。多くの場合、資金的余裕がないため、高いリスクを負ったりイノベーションに挑戦したりすることができない。消費者の側に目を向ければ、伝統や長年の食習慣、ブランドや商品への愛着が強く、新しいすぐれた食品には容易には切り替えられない（注8）。

先進17カ国のうち、食品セクターで際立って革新的といえるのはアメリカ、スイス、スウェーデンで、ドイツは9位だ。ドイツでは、1995年から2001年にかけて計3427の食品が新製品として売り出されたが、目新しいものは非常に少ない。2009年には総売上高のうち後発品（ジェネリック製品）が8・5％を占めていた。革新的な製品の売上高はわずか1・5％だ。自動車業界では新製品が売上高の56％、電機業界では41・5％を占めていた（注9）。

食品と飲料業界で世界をリードする61社が2012年に支出した研究開発費は合計87億ユーロ、そのうち29億ユーロはアメリカ企業、23億ユーロはEUの17社だった。

ヨーロッパの食品・飲料業界で最も革新的なのは乳製品のセクター、それに続くのが完成品とソフトドリンクだ（注10）。

世界全体の食料および農業の分野では民間企業の研究開発費が増加し、1994年の112億8000万ドルから2004年には197億4000万ドルとなった。特に食品メーカーの研究開発費は60億2000万ドルから114億8000万ドルへ大幅にアップしている。食品および農業の分野の研究開発費の総額は2006年に185億6000万ドル。その内訳はアメリカが60億3000万ドル、ヨーロッパが75億ドル、中東・アジア太平洋地域が46億2000万ドルだった。食品業界だけに限ると研究開発費は109億ドルで、そのうちの32億7000万ドルがアメリカ、36億9000万ドルがヨーロッパ、37億4000万ドルが中東・アジア太平洋地域での支出だった（注11）。食品業界が未来を見据え、科学を基盤としてやっていくためには、さらなる研究開発投資が求められる。

## 食べ物で健康を維持する

1990年代前半といまを比べると、わたしたちの健康と活動は、食べ物によって大きく左右されるようになった。重要なのは何をどう食べるのかだ。以前なら、健康を気遣う食生活は、「それをもっと多く食べる」「それを食べるのを減らす」の2通りしかなかった。この方式でさまざまな食事法が流行したが、「短期的には成功しても、マイナスの効果」という例が後を絶たなかった。栄養価については、量や味、見た目で判断しても通用した。

一方、工業生産される食品に含まれる塩や糖分、脂肪など、望ましくない成分の量はかなり減った。食品には、積極的に微量栄養素が加えられるようになった。乳幼児や病人向けの食品に限らず、一般向けの食品にもこうした工夫がなされたが、まだまだ工夫の余地はある。

## マクロ栄養素と微量栄養素の大事な働き

エネルギーを補給したり、体細胞をつくる材料になったり、食物は人体においてさまざまな働きをする。エピジェネティクスなど、生化学的なプロセスに関与する神経伝達物質の材料としても欠かせない。

人の身体が発達し健康を維持していくために必要な栄養素は、主に2つのグループに分けることができる。「マクロ栄養素」と「微量栄養素」だ。マクロ栄養素には、タンパク質や脂質（脂肪）、炭水化物が含まれる。わたしたちの身体にとって必須の栄養成分であり、身体をつくるために欠かせない材料だ。人体の乾燥重量の約80％をタンパク質と脂肪が占めている。バランスの取れた2000カロリーの食事は、炭水化物50％、タンパク質30％、脂肪20％という割合だ（注12）。

水もマクロ栄養素のひとつだが、身体は水から栄養価を直接得ているわけではないので、分けて考えることが多い。水は質的にも量的にも、わたしたちの身体にとって最も重要な要素だ。年齢と性別で変わるが、人体の生体重の最大約60％を占め、水分を失えば命にかかわる。体内の液体が8％減るだけで、深刻な病気を引き起こす。ちなみにタンパク質の場合は15％、脂肪は最大90％だ。

微量栄養素はエネルギーを供給しないが、代謝機能の維持に欠かせない補因子として働く。具体的には、ビタミンのほか、カルシウムやマグネシムなどのミネラル、微量元素の鉄や亜鉛、セレン、マンガンなどだ。必要とされる微量栄養素の量は非常に少量だが、それを取り入れなければ、発育や成長、エネルギーの生成など、生きるうえで欠かせない機能の多くに支障が出る。健康問題の多くは、マクロ栄養素を摂取しすぎる一方で、微量栄養素の摂取が足りないことが原因だ。

微量栄養素が足りずに苦しむ人は世界全体で20億人を超える。その多くが途上国の人々で（注13）、特に鉄やビタミンA、亜鉛、ヨウ素が不足している。深刻な状況の国の政府や当局者と食品業界の協力が実現すれば、このグローバルな健康問題を改善できるはずだ。ネスレは栄養不足との戦いに臨む覚悟がある。収益を二の次にしても、勝利をおさめるために戦うつもりだ。

工業生産されている既存の食品に、1人前として適切な量の微量栄養素を加える取り組みはすでに始まっている。特に重点が置かれているのが、子どもと出産年齢の女性だ。栄養素を加えたマギーのスープとブイヨンキューブのような商品がどんどん市場に出回れば、新しいかたちの微量栄養素不足対策となる。中米では、地元の味覚に合わせたマギーのヌードルスープが簡単に手に入り、バランスの取れた食事に一役買っている。マギーは製品全般の見直しをおこない、いまでは1人分に、1日の推奨摂取量の15％にあたる鉄が含まれている。脂肪分は低く、保存料は使われていない。

工業生産された食品は、それぞれの国で多くの人々に繰り返し購入、消費されている。ネスレはこの点に注目して、製品に微量栄養素を加えている。低所得層市場を対象としたPPP戦略（手が届く価格帯の製品群を提供する）だ。２０１２年には、微量栄養素を強化した食品を１５

00億食販売した。2015年には年間1920億食、2016年には年間2000億食の売上を達成した。次の目標は、栄養成分を強化した作物をつくり、製品化することだ。たとえば、プロビタミンを強化したトウモロコシと通常のトウモロコシをブレンドした製品づくりである（注14）。

微量栄養素の不足を補う目的で、ネスレはさまざまな乳製品を、特に途上国で活用している。もともとカルシウムが豊富なミルクに栄養素を加えれば、さらに栄養豊富になる。子ども向けの乳製品で、成長に必要なエネルギーやタンパク質、微量栄養素を補うといった方法だ。それを低所得層の人々が手に入れやすい形態で提供する。また、地域の状況に合わせて、鉄や亜鉛、ビタミンAなどを製品に加え、微量栄養素の不足を補う。

2013年、ベネズエラの女性と子どものうちの30％で鉄分が不足していた（注15）。微量栄養素の鉄を補給するにはブイヨンに加えるのが効果的だと判明し、新たに鉄分を加えた5つの製品が提供された。フィリピンでは、未就学児の3分の1あまりが貧血と診断されたのを受けて、乳製品に鉄分が強化された。これは、シリアルに含まれる微量栄養素と乳製品が結びつくと、鉄分の働きがいっそう活発になり、貧血に効果的だという知見にもとづいている。

このような栄養素を強化した食品全般を指して、「機能性食品」という呼び方がされている。機能性食品の定義について世界規模での共通認識はないが、ヨーロッパでは機能性食品の科学について研究したワーキンググループ（FUFOSE）が1999年に次のように定義している（注16）。

機能性食品と判断できるのは、「その食品が栄養として身体の機能のうちの1つ、あるいは複数をめざましく改善させ、健康状態とウェルビーイングを向上させ、病気のリスクを減らすもの。機能性食品は、薬のように投与したり、栄養補助のサプリメントとして提供されたりするのではなく、あくまでも食べ物である。ごく普通の食生活の一部として適量を消費して、効果を発揮しなければならない。

機能性食品には、もともと有効成分を含む天然素材でつくられた食品も、栄養素を加えた食品も含まれる。特定の成分を加えたり、減らしたり、取り除いたりすることでつくられる食品も含まれる。ある食材のもともとの構造に、何かしら変更を加える、あるいはその食材のバイオアベイラビリティ（訳注：投与量のうちどのくらい吸収されたか）が変更されている場合もある。機能性食品は、人口のすべて、または年齢や遺伝子型で分類された一部の人々に機能する場合がある」。

現在、機能性食品の成分として市場で注目されているのは、食物繊維などのプレバイオティクス、微生物などのプロバイオティクスだ。

## 食べ物に含まれる生理活性物質

水や炭水化物、タンパク質、ビタミン、ミネラルの他にも、さまざまな成分が食べ物に含まれていることは以前から明らかになっていた。こうした成分は、栄養がない物質と分類されていたが、いまでは特定の性質を備えているものは「生理活性物質」として分類されている。生理活性物質は、栄養面では存在感がなくても、健康を促進する性質を備えている可能性がある。以前は栄養がない成分の有害性が取り上げられることはあったが、いまや無数の研究が、特定の成分の有効性を明らかにしようとしている。

生理活性物質には、植物由来のものや発酵食品の食物繊維と成分などが含まれる（注17）。食物繊維が健康におよぼす効果は、物理特性に応じて異なる。

植物一次代謝産物に対し「植物二次代謝産物」については、いまのところ統一された定義はない。イギリスの科学文献では「ファイトケミカル」という言葉が充てられている。ファイトケミカルとは、植物の二次代謝（訳注：細胞の成長や発生、生殖など、生命現象に直接関与しない物質を生成する代謝）において感染防御や成長調節などの機能を発揮する化合物だ。ファイトケミカルは低濃度の場合に限って機能し、たいていは薬理作用をおよぼす。自然界には約6万〜10万種類のファイトケミカルが存在しているともいわれるが、いまのところ科学的に分析されているのは地球上の植物のうち約5％だけだ（注18）。

生理活性物質としては、カロチノイドやグルコシノレート、モノテルペン、ポリフェノール、サポニン、サルファイド、フィチン酸、フィトステロール、テルペン、フィトエストロゲンなどの植物栄養素を挙げることができる。こうした化合物の多くは、発酵食品に含まれる繊維などの物質だ。発ガンを抑制する特性を備えているものが多く、大部分は抗菌剤や抗酸化剤、コレステロール値を下げる機能を果たす（注19）。この他にも、まだ分類ははっきりしていないが、健康によい影響をもたらすファイトケミカルが存在している。

古代から人はさまざまな微生物を活用し、発酵という手段で食料を保存してきた。ミルクや野菜、マメ、肉、魚は、発酵に適している。乳酸菌は、人体によい影響をもたらすプロバイオティクス（善玉菌）の代表的なもので、これを含んだ乳製品が健康にプラスの効果を発揮することはすでに明らかになっている。乳酸菌は抗菌作用を発揮し、望ましくない病原体が腸粘膜に定着することを妨害する。バクテリオシンを形成したり、抗菌的な活性物質を形成したりする乳酸菌もあり、いずれも免疫の機能を活発にする（注20）。

## 栄養基準の明確な定義

２００５年、ネスレは栄養食品を信頼性のあるものとするために、ネスレ栄養プロファイリングシステム（ＮＮＰＳ）を導入した。その一環として、専門家や世界保健機関（ＷＨＯ）などが推奨する栄養の基準値を一覧表にしている。こうした推奨値は、バランスが取れた健康的な食生活に必要な栄養素の合計の数値が基本なので、消費者の年齢に応じた食習慣をもとに、製品カテゴリーごとに各栄養素の上限あるいは下限を明らかにする必要があった。

エネルギー、ナトリウム（塩の成分）、糖分、果糖、トランス脂肪酸、飽和脂肪酸などの摂取には上限を設定した。製品カテゴリーに応じて、望ましい栄養素の下限も定めた。そのひとつが、乳製品のカルシウムの最少含有量である。ＮＮＰＳの栄養基準すべてを満たす製品は、ネスレ栄養基金（NF）の認証を得る。世界中のネスレの製品の81・6％（2015年）は、NNPSの厳しい栄養ガイドラインを満たすか、上回っている。味見試験の評価が基準に達しない、あるいはNFの認証を得られなければ、明確なガイドラインに従って製品の修正がおこなわれる。

ネスレは世界中の何十億人もの消費者が「グッドフード、グッドライフ」を実現できるように、適切な栄養を含んだ製品づくりをすると約束し、塩分や糖分、飽和脂肪の含有量を減らし、トランス脂肪酸を完全に除去する取り組みをおこなっている。実際には、世界中でいっせいに製品内容の変更をおこなうわけにもいかないが、2014年には、ドイツの市場向けのネスレ製品に含まれる塩分が大幅に減った。マギーのスープの塩分は、2013年までに平均10・1％あまり減っている。ワグナー・ブランドのピザ「ベーキング・フレッシュ」の塩分は平均8％減った。2015年春には、糖分を13～31％の幅で減らしたシリアル製品を改めて売り出した。

子ども向け、あるいは多くを子どもが消費するネスレの食品の塩分と糖分は、大人の基準よりも上限を低く設定されている。2015年12月に販売されたネスレの子ども向け製品の99％はNNPSのすべての基準を満たしていた。もちろんPPP製品も含まれている。

2000年から2010年にかけて、ネスレは世界中のすべての製品の糖分を34％減らした。これは10年間の販売量と、砂糖の購入量の合計をもとに算出した数字である。2005年以来、ネスレ製品の塩分は大きく減った。塩味が求められる製品の塩の使用量は、2007年末までに10％減少している。2010年後半までに、オリジナルのレシピに含まれていた塩分に比較して25％の削減を実現した。

1999年以来、ネスレは、製品に含まれる脂肪のうちトランス脂肪酸の量を最大3%にする方針でやってきた。WHOの推奨値は、日々のエネルギー摂取のうち、トランス脂肪酸の割合がわずか1%である。2015年末には、トランス脂肪酸を含むネスレの製品の98・5%が、最大3%という数値を満たしていた（注21）。2014年末からは、人工香料や着色料については消費者の意向を反映し、大部分もしくは完全に他の成分に置き換えられている。

## 味わいはそのままで

石器時代以来、人間の身体は糖分と脂肪をいくらでも受け入れるようにできている。飢饉が起きれば、糖分と脂肪分を多く摂るほど生き延びるチャンスが得られる。しかし、いまの時代、先進国では、命にかかわるほど糖分と脂肪分が不足しているケースはほとんど見られない。石器時代の穴居人の1日当たりのカロリー消費量は4500～5000カロリーだった。現代においては、女性は2000カロリー、男性は2500カロリーを必要とする（注22）。

歴史をさかのぼれば、人は塩分と糖分を利用して食べ物の水分を除去し、保存していた。やがて、味が敬遠され、他の方法が取られるようになった。わたしたちが甘いものを好むのは、脳が機能するためにはブドウ糖を要するからだ。一方で、報酬系と呼ばれる脳内の神経回路は、糖分によって反応が鈍化していく。子ども時代に糖分を摂り過ぎると、後に病気になりやすい身体になる（注23）。

食べ物に含まれる糖類の分子すべてをわたしたちの甘味細胞が受容できるようになれば、糖分の摂取量を減らせる。フードテクノロジーはその実現をめざしている。いまのところ、受容できる割合は40~70%にとどまっているが、100%を達成できれば糖分の消費量を減らせるはずだ。そうなれば、食品の表面だけに砂糖を使い、内部はゼロとする方法が可能になる。

塩分にも同じことがあてはまる。麺を調理する際、最後のプロセスで塩を加えて表面に付着させれば、塩気を感じてもらえる。プレッツェルは表面に塩気があるが、ざらっとした食感のせいでほとんど意識しないまま飲み込んでしまう。

食品の工業生産では、味覚受容体を敏感にする物質を加えて相乗作用を起こす方法が考えられる。消化管で特定の物質の吸収を遅くさせる、あるいは加速させるというやり方も可能だ。

マヨネーズの油滴に水滴を含ませるという方法もあるだろう。食べる際には油滴として知覚するが、中身は水だ。このような方法を活用すれば、暮らしの状況の変化に合わせて食べ物を変えることで身体の機能を維持していける(注24)。共通しているのは、糖分と塩分の量を控えるとともに栄養のバランスを取り、消費者においしいと感じてもらうことだ。栄養の問題は、とりわけ子どもたちのその後の人生を左右する。おいしく味わいながら人生の質を高めることは可能だと確信している。

## グローバルな食品業界の構造

食料に関する経済活動全般、いわゆる食品セクターにおいて、原材料を調達して食品の工業生産を担う食品業界は中心的な存在だ。近年、提唱されているのは「アグリビジネス」もしくは「アグロビジネス」というコンセプトで、アメリカでは「フードシステム」と表現される、これは、農場から消費者の食卓まで（ファームからフォークまで）のサプライチェーンとバリューチェーン全体を網羅する。

### ヨーロッパ連合――その強さと多様性

ヨーロッパ連合（EU）における食品と飲料のサプライチェーン全体の売上高は、2011年で約3兆6000億ユーロである。内訳は、工業生産が1兆ユーロ、卸売りと小売りのセクターがそれぞれ1兆1000億ユーロだ（この数字と次に挙げる数字には、農業の上流にあたる農薬や種子、肥料などといった原材料は含まれていない）。2011年、EUのフードシステムには2400万人が雇用されていた。農業セクターが最も多く、1190万人と見積もられている。製造業界では420万人、卸売と小売ではそれぞれ180万人、610万人が働いていた（注25）。

EUの製造業の総売上高のうち、食品と飲料業界は15%を占めており、製造業のなかでは最大のセクターである。食品と飲料業界は、従業員数でも最大を誇る。

「肉」「ココア、チョコレートと菓子、茶とコーヒー、調理済み食料、砂糖などのその他製品」「飲料」「乳製品」「ベークド製品と菓子」といった5つのサブセクターが、ＥＵの食品と飲料業界の売上高の75％を占めている。残りの25％を構成しているのが、「動物用飼料」「加工された果実および野菜」「油脂」「シリアルとデンプン製品」「魚」といった5つのサブセクターだ（注26）。

このセクターでめざましい業績をあげているのが、従業員数２５０人未満の小規模あるいは中規模の企業だ。２０１１年には、売上高の総額の51・６％を担い、全従業員の64・３％を雇用していた。ヨーロッパの食品・飲料業界は、グローバル企業数社と、国内あるいは地域限定で活動しているさまざまな中小企業によって断片化している（注27）。

## 食の外注化が進むアメリカ

２０１３年、アメリカの農業とその関連業界の総生産額は７８９０億ドルで、ＧＮＰの４・７％を占めていた。農業は１６６９億ドルでＧＮＰの１％だった。食品と飲料業界は、製造業部門全体の総売上高の15％を占めていた（注28）。

２０１３年、農業関連のフルタイムとパートタイムの雇用は１６９０万人だった。これは、アメリカのすべての被雇用者の約９・２％にあたる。このうち農場での雇用は２６０万人に過ぎなかった。農業関連では、ケータリング業界と外食業界で１１１０万人が働いていた。食品メーカーと飲料メーカーの被雇用者は１８０万人で、アメリカの製造業セクターの約14％を占めていた。食品・飲料業界のうち、31％は肉・家禽類のセクター、16％はパン・ベーカリー製品セクターである（注29）。

家計支出を見ると食べ物への支出は12・9％で、住居費と交通費がそれを上回っていた（それぞれ33・6％、17・6％）。食費の割合は1984年から2・1％減少しており、住居費や、医療費、娯楽費はわずかに上昇している（注30）。

## 市場への供給力

食品・飲料業界の売上高で見ると、EUはいまのところ世界をリードしている。2012年は10億1600万ユーロで、4780億ユーロのアメリカと、4470億ユーロの中国を上回っていた。これに、2020億ユーロの日本、1670億ユーロのブラジルが続く（注31）。

EUの食品・飲料業界は輸出額でも世界最大である。2012年には、世界の食品輸出額の16・1％にあたる987億ユーロだった。輸出額が大きかったのは、737億ユーロのアメリカ（12・0％）、464億ユーロの中国（7・6％）、458億ユーロのブラジル（7・5％）だ（注32）。

中国は何年もかけてこの数字に到達した。2008年にはわずか295億ユーロだった中国からの食品輸出額は、2012年までに57・3％増加した。同時期のアメリカからの食品輸出額は36％増（542億ユーロ）、EUからは14・6％増（861億ユーロ）だった（注33）。

食品・飲料業界について世界全体の企業数と従業員数を比べると、際立った特徴が浮かび上がる。EUでは約28万6000社が420万人を、中国では40万社が670万人を超える人々を雇用している。アメリカでは約3万1000社が150万人の従業員を抱えている。メキシコは17万社が79万1000人を、ブラジルは4万5400社が160万人を、インドでは3万6000社が170万人を雇用している（注34）。

ネスレはすべての大陸で事業を展開し、197カ国に進出している。2014年の総売上高は916億スイスフラン（CHF）で、その割合はアメリカが43％、ヨーロッパが28％、アジア・オセアニア・アフリカが29％である。インドと中国の2大市場は世界の人口の約30％を擁しており、成長が期待できる重要な市場だ（注35）。

## グローバルな食品業界のしくみ

食べ物の製造は、いまなお、農業と畜産を基盤としている。農家が何かをつくる際には、バリューチェーンを構成する数々の企業の支えを必要とする。種子や農薬、肥料、農機具のメーカーなどだ。いわゆる資材提供産業には、生産者たちへの原材料の供給や、畜産のための製品や家畜の健康を守るための製品の製造、畜舎やサイロの建設、機械設備の製造も含まれる（注36）。

バリューチェーンの川上部分である農業と畜産業、さらにはフードシステム全体に対しては厳しい批判が向けられてきたが、手ごろな価格での食品供給を優先させ、環境と健康への配慮が後回しになったのは、あくまでも国益を重視した結果であり、それを変えるのは容易ではない。

そんななか、世界経済フォーラムの「農業の新ビジョン・イニシアチブ」を通じて変化が起きた。バリューチェーンを形成するグローバル企業とローカル企業、農業者、政府と市民社会が、肥料から最終製品までのあらゆる課題を検証する取り組みにおいてパートナーとなったのだ。

食品業界にはさまざまな加工製品や加工法があり、決して一様ではない。たとえば食肉業界では、牛や豚は屠畜、解体され、段階を経て最終的にソーセージや調理済み食品などに加工され、消費者の手に渡る。小麦は製粉工程を経て油脂を使う乳製品とともに加工すれば、パスタやベーカリー製品、市販のピザになる。乳製品業界は消費者向けの最終製品を製造する一方で、ヨーグルトやココア飲料、チーズなどを製造する川下の企業にも納入する。

ソフトドリンクとアルコール飲料のメーカーは、砂糖や濃縮ジュースのサプライヤーと連携する。果実と野菜の行き先はバラエティに富んでいる。新鮮な状態で缶詰になったり冷凍野菜になったりするほか、シリアルバーの材料にもなる。魚も缶詰や薫製に加工され、さまざまな製品となって消費者のもとに届く。

工業生産された食品とともに、小規模生産された食品も販売されている。生産者が市場に出したり、消費者に直接販売したりする場合もある。小売の段階では、チェーン展開する小売店や、大小さまざまのスーパーマーケット、ディスカウント店、専門店などがある。小売業者とともにバリューチェーンの最も川下を占めているのは、家で料理する以外のあらゆる形態の飲食である。企業の社員食堂や学校、病院、宿泊施設での食事、自動販売機の販売もここに入る。こうして手にした食品がどこでどのようにつくられたのか、さして気にすることなく食べてしまう消費者は少なくない。

食品業界は確かにグローバルだが、国ごとにさまざまなセクターがあり、会社の規模も異なる。食品の工業生産の作業工程も一様ではない。製品の品質や、環境保護の必要性、それぞれの工程の自動化が製造コストに反映される。乳製品や飲料、パンおよびベーカリー製品に関しては、原材料の性質上、高レベルの自動化が可能だ。対照的に食肉処理業では難しい。また消費者の目は厳しく、いったん疑惑が生じれば、工業生産された他の食品にも飛び火する。

## 人口統計と購買力

人口の増加、購買力の増加、そして社会的な変化が、食品製造業を取り巻く環境を大きく変える。所得水準とライフスタイルが変われば、求められる食品も変わってくる。そして、市場を左右するもうひとつの決定的要因は、消費者の年齢だ。

なんといっても人口が増加しているのは、新興国と開発途上国である。ところが、2000年から2005年にかけての加工食品の需要の伸びを平均すると、途上国で2・9%、新興国では9%だった。実は食品製造業にとっては、人口の増加よりも所得分配の変化のほうがはるかに重要だ。肝心なのは、より低い所得層とより高い所得層のどちらのニーズにもこたえることである（注37）。

## 市場の動きの重要性

20世紀の初め、バリューチェーンで支配的な位置にあったのは、原材料を供給する農業だった。その後の数十年で、農業から製造業者と卸売業者へ、そして1980年代半ば以降は小売業者の勢力が強くなった。とりわけ、国際的なスーパーマーケット・チェーンとディスカウント業者が強くなった。消費者に近い彼らがどんな商品構成でどんな製品を選択するのかは、新製品に対する消費者の反応を反映しており、自ずと影響力が強くなる。

ヨーロッパ内でも、また世界的に見ても、ドイツの食品小売業は活発な部類に入る。メトロ、リドル・アンド・シュワルツ、アルディ、レーヴェ、エデカは、ヨーロッパの小売業のトップテンに入る。メトロ、リドル・アンド・シュワルツとアルディは世界レベルでも非常に活発だ（注38）。小売チェーンは長らく国内市場限定だったが、海外にも展開するようになった。世界の売上高トップ100社には、食品も手がけるグローバルなサプライチェーンが6社入っている。また、食品業界の企業としては、ネスレ1社だけがランクインしている（注39）。

1990年から2005年にかけて市場に起きた変化は、かつてないほど大きなものだった。小売業者がカスタマーロイヤルティを強める目的でプライベートブランドの製品を出すようになったのだ。この時期、ネスレにとって主たるライバルは、他のナショナルブランドではなくスーパーマーケットやディスカウントチェーンのプライベートブランドだった。

アメリカの食品業界では、小売業者のプライベートブランドの割合が全体の17％未満である。

一方、ヨーロッパ各国では20～40％が多く、スイスでは50～60％を占めている。ウォルマートでは最も売れた製品のトップ100のうち、プライベートブランドが50点含まれていた（注40）。ネスレの場合、チェーン展開する小売業者の大手10社を通じた販売は全体の20％に過ぎない。それでも、生産コストのさらなる削減、新しいテクノロジーの開発、潜在的なコストの削減は急務である。

## 食品の安全をどう確保するか

世界の人口が増加し、食品に対する消費者のニーズが多様化するにつれて、サプライチェーンはよりいっそう複雑になっていく。グローバル化が進むなか、食品の安全性を確保することはますます難しくなっている。これは、政府と国の医療制度任せにしてよい問題ではない。製造業者が主体的に取り組むべき課題でもある（注41）。

ＷＨＯは、いま世界では毎年２００万人が、汚染された水などのために下痢の症状を起こし、命を落としていると見積もっている（注42）。では、食べ物はどうか。無害な寄生生物から細菌やウイルス、プリオン、化学物質、放射性物質まで、さまざまな物質で汚染され、感染症からがんまで２００を超える病気をもたらす可能性がある。多くの途上国で、食の安全を確保するためのより厳しい規制が求められている。これには、国際的な協調がぜひとも必要だ（注43）。

国連の専門機関であるＷＨＯと国際連合食糧農業機関（ＦＡＯ）、そしてＯＥＣＤが中心となって、各国の食品の安全性に関する国際的な政策対話を進めている。WHOとFAOが管理するコーデックス委員会が策定する食品規格は、食品の安全のガイドラインとして世界で共有されている。

WHOとFAOが運営・管理する国際食品安全当局ネットワーク（INFOSAN）も、食品の安全についての情報を各国に提供し、それぞれが必要な措置を取れるようにしている（注44）。

食料の約15％を輸入しているアメリカでは、2011年に食品安全強化法（FSMA）を制定した。2015年からは、アメリカに輸入される食品の製造業者にもFSMAが摘要されている。この法律の目的は、食品の安全対策を強化し、食品危害を防ぐことにある。輸入される食品には、国内で生産されるものと同じ基準を満たすことが求められ、基準に達していなければ、国内への持ち込みが拒否される可能性がある。アグリビジネスのサプライチェーン全体がFSMAの対象となる。食品製造業者はトレーサビリティやリスクの特定を念頭に置いて、生産プロセスを設計する必要がある。アメリカの輸入業者は、取引先の海外のサプライヤーがFSMAを満たすことに責任を負う（注45）。

# 第4章 生命科学がもたらした革命
Life Sciences and the revolution of biology, nutrition and health

現代の生命科学のルーツをたどると1940年代に行き着く。分子遺伝学が重要性を増すようになったころだ。生命を構成する最小の要素とはどんなものか、それが健康と病気にどうかかわるのかについて的確な知識を得ることで、人体の複雑なしくみに対する新たな理解に近づいた。アルバート・アインシュタインとマックス・プランクが物理学的世界観を変え、それによって現代のテクノロジーの基礎が築かれたように、遺伝子研究はまったく新しい人間観をもたらした。

## 特定のグループごとに最適な食事を

人にはそれぞれ生まれ持った特徴があり、生きていくなかでそれが変化していく。人としての構造は同じだが、まったく同じ人間はどこにもいない。一卵性双生児でも、何から何まで同じではない。違いをもたらすのは遺伝（ジェネティクス）と後成的遺伝（エピジェネティクス）であり、年齢や環境に応じて変化する。同じような環境にいる人には、同じような変化が起きる。環境要因として最も影響が大きいのは、食生活である。これは以前から知られている。ネスレが栄養の個別化を今後の重要なテーマに掲げたのは、2004年にネスレ リサーチセンターで科学シンポジウムが開催された後だ。「ヘルスサイエンスにもとづく個別化された栄養」というアプローチは、「ニュートリゲノミクス（栄養ゲノム学）にもとづいた科学的根拠」「微量栄養素を強化した食品による多様な社会集団の健康向上」「食生活で健康を管理するための、個別化した食事内容の提案」という3つの柱で構成される。

将来的には、具体的な栄養戦略が開発されるだろう。それは、対象を絞り込んだ食の提案となる。文化や手に入る食材、望ましい食材、調理法の伝統が、違いを生み出すはずだ。特定の食べ物とひとりひとりの遺伝や後成的遺伝との相互作用が明らかになれば、栄養摂取の個別化につながる。幼児や病人、高齢者など、特性に応じた集団ごとに具体的な調整も可能となる。

個別の栄養ニーズを満たすといっても、個人に合わせた食生活を提供するわけではない。少なくとも近い将来においては、そのようなかたちにはならないだろう。まずは、特性に応じた集団ごとに、健康とウェルビーイングを維持するために必要な食生活を提案する段階からスタートする。それにより、病気を未然に防いだり、発症を遅らせたり、現状を緩和したりすることができるだろう。

したがって、「オーダーメイド」とは分けて考えなくてはならない。地球上の70億人、あるいは将来的にさらに増加する人口のひとりひとりにぴったりの食事内容を提供することが、オーダーメイドという意味だ。いまのところ、すべてを実現するのは無理である。が、一定の人数を対象にして、食事による改善が見込める栄養の欠乏や症状に対処することは現在でも可能だ。近い将来、珍しいことではなくなるかもしれない。

たとえば、塩分の摂取に過敏に反応するのであれば、食事から塩分を除いて血圧を下げる。塩分に敏感に反応しない人の場合は、摂取量を減らしても高血圧には効果がない。食生活の変化に対する身体の反応の指標となるのが「バイオマーカー」であり、ニュートリゲノミクスの研究はこのバイオマーカーの特定に力を入れている。生命科学の分野での革命的な研究である。

## 身体の機能を徹底的に解明する

ヒトゲノム計画の成果が2001年に発表された。ヒトゲノムが解析され、「A」「C」「G」「T」という4つの文字からなる約30億組の文字列が決定されたのである。しかしそれは、科学者たちが期待したものとは、いささか違っていた。約2万5000あるヒトの遺伝子だけでは、ある病気になる人とならない人がいる理由や、同じ遺伝子情報を持つ一卵性双生児がそれぞれ異なる理由を解き明かす助けとはならなかったのである。健康を維持し、環境に適応して長生きするために申し分のない遺伝子情報とはどのようなものなのか。ヒトゲノムマップはその一端を示してくれると期待されていた。

早々に明らかになったのは、遺伝子がコントロールするだけでなく、コントロールされる側でもあるという事実だ。そのしくみを遺伝情報の解読のなかから解明しようとするのが、エピジェネティクスだ。これにより、環境がゲノムにどう影響するのかをつきとめ、長期的にどのような結果をもたらすのかを知るための新しい道が開かれる。また、幹細胞がさまざまな体細胞や組織に分化することについても、エピジェネティクスの研究から探ることができる。

では、どのようなケースが、ＤＮＡ塩基配列の変化がない、細胞内の後成的な変化によるものなのか。環境因子に反応して適応するなら、プラスの効果が期待できる。が、遺伝子発現のスイッチが誤ってオンあるいはオフになるとすれば、話は違ってくる。後成遺伝的に変化した生命体の情報のすべてを指す言葉が「エピジェネティック・コード」だ。その重要性は「遺伝コード」並み、あるいはそれをしのぐかもしれない（注1）。

人々の生活が文明化するにつれて襲いかかってくる病気を予防し治療するには、わたしたちがこれまでに蓄えてきた身体機能についての知識だけでは太刀打ちできないのは明らかだ。めざすのは、すべての人が健康で長生きできるように支えることであり、そのためには新しい科学的な手法と知見をどんどん取り入れるしかない。ヒトゲノムについても、微生物の役割についても、知らないではすまされない。

だからこそ、身体の機能を徹底的に解明し、役立てていかなくてはならない。それは複雑な科学の研究領域、そして膨大なデータと向き合うことであり、困難な道である。しかし、これは価値ある挑戦だ。これまで積み重ねてきた科学の成果をよりどころとして、わたしたちは未来を見据え、人生の質を高めていけると確信している。

## 遺伝子研究で未知のパターンをつきとめる

現代の栄養研究は、食料に含まれる生理活性物質の発見から、その生体利用率と人体への影響、ゲノムと遺伝的なパターンにもとづいた栄養ニーズの査定まで実に幅広い。食物の成分の働きとその影響が人によってどう違うのかなどを総合的に理解することが求められている。具体的には、健康状態やライフスタイル、年齢ごとに分類し、その集団に適した食生活を明確にすることが目下の課題である。

これまではもっぱら実証研究を基盤としてきたが、それには限界があった。現代の新しい栄養研究は、生命科学におけるさまざまな手法とそこで得られる知見を活用している（注2）。

遺伝学はわたしたちの生命の設計図を解き明かした。この情報は、ＤＮＡに蓄えられている。肥満やがん、糖尿病、心臓発作、脳卒中になりやすいかどうかは、この遺伝子の情報に関係している。また、栄養素がどれだけ効果を発揮するかどうかは、わたしたちひとりひとりの遺伝子情報に影響される。

わたしたちは遺伝子によってコントロールされているが、コントロールされている度合いは、これまで考えられていたほど強くないことがわかってきた。動物の遺伝子とさして変わらないものがある。肝心なのは、どの遺伝子のスイッチがオンになり（遺伝子発現）、オフになるかだ。遺伝子発現とは、それぞれの遺伝子に蓄えられている情報が変換される過程全体を指す。変換はいくつかの段階を踏んで進み、そのたびに制御因子が影響し、制御する。遺伝子発現によってR

NAやタンパク質などができる。遺伝子発現を制御するしくみを「遺伝子調節」と呼ぶ。いつ、どれだけタンパク質がつくられるのかは、遺伝子に蓄えられていた情報で決まる。DNAからの転写でつくられるRNAの役割は、細胞の遺伝情報でタンパク質をつくる際の中継ぎ役である。

これまで多くの研究は、遺伝子の働きを予測するための主な指標を「一塩基多型（SNP）」と想定していた。SNPとは、DNAの塩基配列が1つだけ別の塩基に置き換わっている現象を指す。これにより遺伝子領域に個人差が出て、食生活に関連する病気のかかりやすさが決まるとされてきた。が、疾患感受性遺伝子に見られるSNPは、病気の発症を知るための指標としてあまり強力とはいえない。いまのところSNPで予測できるのは、表現型変異のほんのわずかな部分だ。遺伝子型が遺伝子に蓄えられている遺伝情報のすべてをあらわすのに対し、表現型は環境因子しだいであらわれる遺伝情報である。

ただし、欠失した遺伝子機能と同じような機能を持つ遺伝子を発現させるメカニズム（ジェネティック・コンペンセーション）が働いてSNPが起こる場合と起こらない場合がある。これは重要なポイントだろう。それでも、一般の人を対象とした遺伝カウンセリングのビジネスは人気だ。個人の遺伝子プロファイルをもとにリスクアセスメントとライフスタイルの推奨を提供する企業は増える一方である。こうしたプロファイルは、疾患感受性遺伝子におけるSNPだけをもとにしているので限定的であり、リスクアセスメントやライフスタイルの推奨の根拠としては弱い。

特定の慢性炎症性腸疾患にかかりやすいかどうかは、染色体における一連のSNPだけでなく、特定の遺伝子におけるCNV（コピー数多型、同じ遺伝子のコピーがいくつあるか）とも関連する。まだ、複合疾患の遺伝的背景について詳細な説明ができる段階ではないが、いずれ可能になるだろう。病態形成メカニズムを解明して病気を防ぐことは困難な挑戦だが、実現に向けて取り組みは続く（注3）。

## 環境は遺伝子プールを決定する

遺伝子プールと遺伝子調節には環境因子が大いに影響していることをエピジェネティクスは明らかにした。「遺伝を超えた」を意味するエピジェネティクス（epigenetics）は、その名のとおりDNA塩基配列に影響しない。DNAに蓄えられている遺伝情報には影響しない遺伝子発現の変化の解明に取り組む科学である。ここには、DNAメチル化パターンや、クロマチン構造、ヒストンコード、非コード小分子RNAが含まれる。DNAメチル化は、生体の長期にわたる代謝プログラミングに重要な役割を果たしていることがすでに判明している。幼いころの栄養状態が人生の後半の健康状態に影響するのはこのためだ。また、エピジェネティクスによって、表現型の遺伝的構成が同じでも個人差があることを説明できるようになるかもしれない。実際、双子の研究で解き明かそうという取り組みがある。

人々の食生活や選択、ニーズ、反応の違いを、さらにはそうした個人差が人生の途中で変わっていくしくみを理解するためにも、遺伝学とエピジェネティクスは欠かせない科学的基盤となっている。

## 切っても切れない関係にある遺伝子と食物

現代の栄養研究に欠かせないのが「ニュートリジェネティクス」と「ニュートリゲノミクス」だ。ニュートリジェネティクスは、遺伝子の構成と特定の食品成分への反応について研究する。ニュートリゲノミクスは、遺伝子の分子が与える影響や、栄養が代謝と人間の健康に与える影響を、ゲノミクスと栄養研究と植物バイオテクノロジーで検証する。「トランスクリプトミクス」は生体システムにおける遺伝子の活性化を分析し、「プロテオミクス」はタンパク質とその相互作用を研究する。「メタボロミクス」は、細胞と組織の代謝を対象とする（注4）。

哺乳類の後成遺伝的な現象のなかでも、X染色体の不活性化とゲノム刷り込みの研究は広くおこなわれてきた。遺伝子発現をコントロールする遺伝メカニズムは、母親か父親から受け継がれてきた対立遺伝子と密接に関係している。対立遺伝子は、染色体の同じ位置にある遺伝子のペアを指す。このペアはまったく同じものである。たいていの人間の遺伝子は母親と父親から1組ずつ対立遺伝子を受け継ぐ。両方の対立遺伝子が発現すると、体は機能不全に陥りにくい。しかしDNAのメチル化修飾が起きると、遺伝子発現が制御される。身体の機能はたったひとつの遺伝的要因で変えられてしまう可能性があるので、メチル化などの化学的修飾を受けた遺伝子（修飾遺伝子）は病気の発症にかかわるおそれがある。また、修飾遺伝子の発現のスイッチが完全にオフになっていないと、やはり病気の発症を招く可能性がある（注5）。

## バイオマーカーで診断を

メチル化などの化学的修飾がＤＮＡの塩基配列を変えることなく遺伝子発現を制御するため、後天的な遺伝子発現プロファイルから新しい「バイオマーカー」が見つかる可能性がある。バイオマーカーとは、客観的に計測できる生物学的特性で、特定の病気にかかりやすいかどうか、特定の食品成分に反応するかどうかの指標となる。細胞や遺伝子産物、酵素やホルモンなどの特定の分子がバイオマーカーになり得る。食品に含まれる有益な活性成分の発見にもつながる可能性がある。すべての栄養素は遺伝子とタンパク質発現に少なくとも間接的に影響するため、代謝にも影響する。

エピジェネティックなバイオマーカーによって、大人になってから発病する可能性がある病気を、まだ子どものころに診断できる可能性がある。そうなれば、無症状のうちに予防したり、治療法を開発したりすることができる。適切な栄養対策を講じることもできるだろう。そのためにはさらなる研究によって、人間のエピゲノムについての広範な知識が求められる（注6）。

２００６年にスタートしたエピジェン・グローバルリサーチ・コンソーシアムは、イギリスやニュージーランド、シンガポールの研究機関の科学者たちを支援するプロジェクトである。ネスレは、この官民連携のパートナーシップに協力している。同コンソーシアムが特に力を入れて取り組んでいるのが、母親と幼児の食生活についての研究だ。国際的なコンソーシアムという特性を生かして、世界中のさまざまな地域で母親と乳児を対象とする調査をおこなっている。遺伝的背景とライフスタイルが大きく異なっているケースを選び、妊婦の食習慣や暮らし方が、生まれてくる子どもの遺伝と健康にどう影響するのかを調べている（注7）。

妊婦の食生活は生まれてくる子どものDNAに影響する。妊娠中に十分な炭水化物を摂取していないと、生まれてくる子どもは糖尿病や肥満、心血管障害になりやすい。女性がまだ妊娠していない若い時期から、どれだけ良好な栄養状態であるかどうかが非常に重要だ。それを確かめるために、若い女性1800人が最大1日に2回、特別な栄養素を摂取するという大規模な取り組みがおこなわれた。

栄養状態の改善が、生まれてきた子どもたちの発達によりよい影響をもたらすことを研究者たちは期待した。うまくいけば幅広い層に食生活の改善を提案できるかもしれない。胎内にいるときから2歳の誕生日までの人生の初めの1000日の食生活は、子どもにとって将来の健康に大きな影響をおよぼす。これはすでに科学的に証明されている。

また、誕生時の脳の発達に関与する遺伝子HES1のエピジェネティックなマーカーと、後の学校での成績とのつながりについて、エピジェンは具体的な事例とそれを裏付ける実験データを示し、胎児の脳の発達は、以前に考えられていたよりも、後の学習能力にはるかに大きく影響すると結論づけた。次に解明が待たれるのは、妊婦のライフスタイルと心理的なウェルビーイングが子どものエピジェネティックな変化に与える影響だ（注8）。

ネスレが支援するイギリスのプリマス大学ペニンシュラ医学・歯学部のアーリーバードという研究プロジェクトは、2000年から、子ども時代の生活と栄養が成人後の健康にどう影響するのかを調べてきた。プロジェクトがめざすのは、生活習慣予防の（代謝の状態を示す）バイオマーカーを特定することだ。この一環として、現在、ネスレ インスティテュート オブ ヘルスサイエンス（NIHS）は、子どものころの生活と成人後の代謝の関係を研究している。今後は栄養素とその代謝物質（アミノ酸、糖、抗酸化物質など）についても取り組み、ひとりひとりの健康を測るための精密な情報提供をめざす。

アーリーバード・プロジェクトの第3フェーズでは、子どもたち300人の成長を追跡する。子どものころの健康状態が、成人後や高齢化したときに与える影響についてはかなりわかってきているが、思春期と第2次性徴があらわれる時期についてはまだ知見が不足している。一生を通じたつながりが明らかになるまで、この先も長い時間をかけることになるだろう（注9）。

## メタボロミクス――代謝の追跡

メタボロミクスはメタボロームに関連する研究分野である。メタボロームとは、生命体の細胞や組織に存在する代謝物すべてを指す。代謝の過程の中間体あるいは分解生成物として形成された小さな分子をメタボライトと呼ぶ。メタボライトは遺伝子発現および遺伝子調節の最終産物であり、食事による代謝の変化など現在の生化学的状態を示す。

食生活が原因で代謝が不均衡になると、病気にかかりやすくなる。これは多くの研究で明らかだ。一口に代謝プロセスといっても、それぞれ個人差がある。わたしたちが摂取したものは転換され、分解され、体内で貯蔵されて体に影響を与える。代謝成分には遺伝子が影響を与えるので、栄養研究には個人の代謝プロファイルが非常に重要となる。

ネスレは人体のすべての細胞に見つかるGタンパク質について研究をおこなってきた。Gタンパク質は主に細胞の表面から内部に信号を伝達する役割を果たす。このGタンパク質に代謝に関連した複数のSNPが特定されており、その一部は体重減少に関係すると思われる。ネスレは体重管理の研究に任意参加した複数の成人を対象として、Gタンパク質レベルで遺伝子型判定をおこなった(注10)。

食生活の改善とはすなわちカロリー制限、というケースは哺乳類を含めて多くの種に共通している。いまでもそれが唯一、数値として効果を示せる方法なのだ。ネスレの研究者はカロリー制限の効果と特定の栄養素の効果を調べる実験をおこなった。遺伝子発現における長期的な変化のうち、どれがDNAのメチル化によるものなのかを知ろうとしたのだ。カロリー制限と栄養に関連する遺伝子のトランスクリプトームについての研究はさらに続く。

将来はエクササイズ並みに食べ物で代謝を上げることが可能になるだろうとNIHSの科学者は考えている。身体を動かすことで活性化される細胞メカニズムを食品成分で模倣できれば、良好なエネルギーバランスを保ちやすくなる。人間の代謝は「代謝マスタースイッチ」がコントロールし、身体のエネルギーバランスを調節している。この代謝マスタースイッチはAMPKと呼ばれ、それぞれの細胞に存在する重要なタンパク質である。自動車の燃料計で燃料の残量を把握するように、エネルギーが低下していれば「補給」するように知らせる(注11)。

## マイクロバイオーム――生まれてから死ぬまで共存するコミュニティ

炭疽菌の発見をロベルト・コッホが発表したのは1876年。それ以前から顕微鏡でしか見ることができない微生物の存在は知られていた。そしてこの100年で、わたしたちの体には細菌のコロニーが存在していることがわかってきた。といっても関心を示すのは生物学者と医師くらいで、それも体調にさしさわりが生じるときだけだった。大部分の細菌は痛みや身体の不調をもたらすことはなく、無害な「ニキビ」みたいなものというのが研究者の見解だった。ところが、身体というものの概念が変わるとともに研究者の見立ても変わってきた。身体は独立したひとつの個体ではなく、たくさんの個体で形成される複雑な生態系として理解されてきたのだ。ホロビオントとも、スーパーオーガニズムとも表現される。その存在の大部分が人類が登場してから何百万年も気づかれずにいたのである。

1953年にDNAの構造が解読されると、体内の微生物はあらためて科学者たちの注目を浴びることとなった。遺伝子研究で微生物は簡単な方法で分析できたからだ。1980年代半ばまでには、最も少ない遺伝物質もつきとめた。ペトリ皿では培養できない微生物の存在も確かめられるようになった。思いがけなく多種多様な微生物が存在していたのである。

人間にすみ着いている微生物すべてをひっくるめて「マイクロバイオーム」または「細菌叢」と呼ぶ。腸内フローラも、皮膚や粘膜にいるものもすべて、これに含まれている。マイクロバイオームの名づけ親は、ノーベル賞受賞者のジョシュア・レーダーバーグである。21世紀早々のことだ。現生人類という生命体を遺伝学的に包括的に検証するには、マイクロバイオームの遺伝子を含めなければ不可能であるというのがレーダーバーグの見解だ。「わたしたちは自分の体の内外にいる微生物について深く知り、理解する必要がある……身体を共有する微生物こそ、わたしたちの運命を握っている。微生物が体内で各々、そしてわたしたちとともにどんな働きをしているのかを解き明かせば、大いなる恩恵を受けることができるだろう」(注12)

人間の消化管だけでもおよそ100兆の微生物がいる。成人ひとりの身体の細胞と比べると、消化管のマイクロバイオームを構成する細胞の数は10倍も多い。遺伝子の数は2万～2万5000で、ハエ1匹の2倍であるのに対し、ひとりの人間のマイクロバイオームの遺伝子数はおそらく約800万である。マイクロバイオームの重量は脳の重さとほぼ同じで体重の約2%、およそ1・5～2キロだ(注13)。

腸内の微生物の種類はおよそ1000、あるいはそれ以上だろう。およその数字になるのは、古典的微生物培養法では種の80%が培養できないからだ。99%という可能性もある。メタゲノム解析によって、ようやく多様なマイクロバイオームの解析が可能になった。腸内の微生物がわたしたちの健康や疾患に実に広範囲にかかわっていることが、最近ようやくわかってきた。体内に常在する微生物全体の遺伝情報こそ、第2のヒトゲノムなのだ(注14)。

人の腸内に微生物がいるといっても、どれほどのスペースに生息しているのか、大多数の人はピンとこないだろう。成人の腸は、人によっては6・5メートルほどにもなる。腸の内側の総面積は180～300平方メートルだ。消化管の内側は、絨毛と呼ばれる無数の突起が上皮を覆っている（注15）。

胃腸全体には腸神経系（ENS）が張りめぐらされている。これは1億個を超える神経細胞とそれよりも多いグリア細胞で構成されている。細胞の種類や化学物質、受容体が脳内のものと似ているので、「第2の脳」と呼ばれる。どちらも、中枢神経系と連携しているが、メッセンジャーは異なる。消化管からの情報のおよそ90％が頭に、10％が第2の脳に向かうと考えられる（注16）。

「脳」と「第2の脳」はよく似ているが、考えるしくみには違いがある。消化管は4つの異なった情報経路を通じて頭の脳と通信する。4つの経路とは、「マイクロバイオームのメッセンジャー」「腸粘膜からの消化管ホルモン」「腸管免疫系からの免疫物質（サイトカイン）」「腸神経系の感覚ニューロン」である。このしくみ、すなわち脳腸軸は、わたしたちの食生活や消化、代謝、体重に影響するのはもちろん、免疫系や痛覚、ストレスへの感受性、感情、気分、学習、記憶にまでも影響する。この複雑な関係全般を取り組む新しい研究領域が神経消化器病学である（注17）。

腸内に生息する多様な微生物とその遺伝子は、細胞と遺伝子並みにわたしたちの健康に大きく影響している可能性がある。この腸内細菌叢、いわゆる腸内フローラが働くしくみを知ることは、マクロ栄養素や微量栄養素、生理活性物質、食物繊維など、わたしたちが食べるものの効果を理解することにつながる。腸内フローラがうまく機能していると、体調がいい。知らないうちに腸内フローラの働きが悪くなっていると、さまざまな病気に、しかもこれまでは腸とはまったく関連づけられていなかった病気につながることもある（注18）。

腸内フローラの構成はひとりひとり違うが、血液型によって次の3つのパターンに分類できる。「バクテロイデス属」「プレボテラ属」「ルミノコッカス属」だ。それぞれ優位な細菌の名前がついている。

18歳を迎えるころにはこうした型ができて、原則として死ぬまで変わらないが、環境や食生活、薬の服用でも腸内フローラの構成は影響を受ける。食生活に変化があれば2日から3日後には反映される。それだけ細菌は短命ということだ。ベジタリアンか肉を食べるかといった違いも、腸内フローラの構成に反映される。引っ越しや旅行、都会暮らし、田舎生活も腸内フローラに反映されて痕跡を残す（注19）。

性格や体質に加えて、腸内フローラはひとりひとりの病気のかかりやすさにも強い影響力を持っている。といっても量がものをいうわけではない。腸内の細菌の95％までが特定の種類で、0・01％だけが別という2人の人物が似たような健康状態であってもおかしくない（注20）。種類は違っても、遺伝子レベルでは機能に大きな違いはないらしい。欧米型のライフスタイルを送る人々は、アマゾンやパプアニューギニアの先住民のような昔ながらの暮らしをしている人々よりも、腸内フローラの多様性が25～50％低い。

異なる腸内フローラは、たとえていうなら、さまざまな都市とその住人のようなものだ。ロンドンとパリの住人はまったく似ておらず、どちらも個性的な都市だが、都市としての規模と機能はよく似ている。移動手段や雇用、教育、健康、安全面などについても、あまり差はない。

腸内フローラが哺乳類の身体において重要な役割を果たしていることは、マウスを使った実験で明らかになってきた。アメリカ・ミズーリ州セントルイスのワシントン大学医学部では、帝王切開で生まれたマウスを滅菌ケージに入れ、そのケージを無菌テントのなかに置き、フィルターを通した無菌の空気を送り込んでいた。こうして泡のなかで暮らしているようなマウスは無菌マウスと呼ばれた。食べ物には圧力をかけて熱し、完全に無菌化して与えた（注21）。

環境も身体も無菌状態のマウスは免疫系の発達が悪く、心臓は弱く、腸壁が薄かった。全体として身体が弱く、より多くの食べ物を必要とし、その食べ物をうまく代謝できなかった。通常のマウスよりも3分の1多く食べたが、体脂肪は42％少なかった。ところが、その無菌マウスの体内に健康なマウスの腸内フローラを入れると、たちまち変化が起きた。数日のうちに消化力があがり、体重が増えた。2週間後、体重は一般のマウス並みになった。

食べ物から栄養素を取り入れて身体を回復させるには、腸内フローラの働きが大きく影響するということだ。身体が消化できない繊維でも腸内の微生物は消化できるので、食べ物から得られるエネルギーは10％も増える。したがって腸内フローラの構成は肥満のなりやすさにも関係する。

肥満をはじめ、微生物は多くの病気に関係している。循環器疾患もそのひとつだ。といっても、そのメカニズムについてはさらなる研究が必要だ。感染症との関係はすでに明らかになっている。腸壁の微生物は常に免疫系の細胞と接触し、病原菌への防御体勢を整えている。免疫が多様であればあるほど、よりよく備えることができる。

腸内フローラは病原菌に対するバリアの役目も果たす。微生物がすでに住み着いていれば、後から来た不審な細菌がすみ着く余地はない。抗生物質で治療をする際には、標的とする病原菌だけでなく、もともと生息している良性菌まで殺してしまうことのないよう、バランスのよい腸内フローラの状態を保つことが重要だ。抗生物質を服用すると下痢を起こしがちなのは、善玉菌も殺してしまうからだ。それでもたいていの場合、腸内フローラはすみやかに順応してみごとに再生してしまう（注22）。

ニュートリゲノミクスを活用して、分子レベルで栄養についての包括的な研究が進んでいる。栄養が身体の状態にどう作用するのか、ゲノムや腸内フローラ、宿主の人間との関係で解き明かそうとしている。食物に含まれるゲノムを調べてマクロ栄養素と微量栄養素の効果を明らかにし、プロテインやペプチドなど生理活性物質の理解を深める。腸内フローラは複雑なエコシステムで、宿主の人間の腸での代謝に大きな役割を果たす。遺伝子という側面だけではなく、プロテオームと代謝の側面からも調べようということだ（注23）。

## 腸内フローラは誕生とともに

産道を通って生まれた子どもは、腸内フローラの基本装備を母親から自動的にもらっているが、帝王切開の分娩ではそうはならない。腸にはいずれ細菌が生息するようになるが、生まれながらに備わっているのではない分、時期が遅くなる。免疫系の機能のためには、できるだけ早く腸内フローラが装備されることが重要だ。一般的に自然分娩で生まれた子は後々、健康に恵まれやすい。アレルギーや喘息、自己免疫疾患、肥満、自閉症などは、どちらかというと帝王切開で生まれた子どもに見つかる場合が多い（注24）。

誕生から数年は愛情をかけて世話をして、食生活にも気を配らなくてはならない。この時期に腸内フローラがよく機能していると、特定の病気にかかりにくくなる。それ以降でも効果はあるだろうが、誕生とともに備わっているに越したことはない。

ローザンヌのネスレ リサーチセンター（ＮＲＣ）とエピジェン・コンソーシアムは乳児期の腸内細菌の発達に影響する要因について共同研究をおこなった。生後３カ月と生後12カ月の子どもの腸内細菌を調査した結果を２０１５年２月に発表した。生後３カ月で腸内細菌の多様性が低かった子どもは、多様性が高かった子どもに比べ、生後12カ月の時点で、卵やミルク、ピーナッツなど特定の食物に対してかなり過敏になっていることがわかった。

カギを握っていたのは、腸内細菌科の菌とバクテロイデス科の菌である。生後12カ月までに特定の食べ物に過敏になる子どもはそうでない子どもに比べて、こうした細菌が腸内に多かった。

研究チームはDNA分析を活用し、生後3カ月と生後12カ月のときの便に含まれる細菌を調べた。食物への過敏性について、生後3カ月以内の腸内の菌の種類をもとに、生後12カ月までの変化を予測することができた（注25）。

幼いころの経験が後の人生の健康を左右するのはまちがいない。そこにおそらく腸内フローラが関係しているだろうと研究者は考えている。ただし、そのしくみはまだ解明されていない。子ども時代の腸内細菌のパターンは、はたして未来の病気のバイオマーカーになるだろうか。それを確かめるには、さらなる研究が必要だ。腸内細菌の構成が特異な子どもは、食物などのアレルギー症状を示すのかどうか、研究者は解明しようとしている。結果しだいでは、腸内細菌を変えてアレルギーを防いだり治療したりする新しいやり方を開発できるかもしれない。まずはサンプル数を増やし、新たに生後3カ月から生後5年までの期間のデータについての分析をおこなう計画が進んでいる（注26）。

## 研究の目的は健康長寿

人生の最初の1000日間は、健康に生きていくための基礎づくり、そして健康を向上させるための基礎づくりの時期なので特に注意を払う必要がある。そしていま人口動態の変化にともなって、人生の最後の時期にも十分な注意を払わなくてはならない。高齢になると神経変性疾患や筋骨格系の変化が起こりがちになり、健康状態にもかかわってくる。

平均寿命が長くなる一方で、高齢者ならではの骨格筋の機能低下（サルコペニア）が珍しくなくなっている。年齢とともに筋肉量が減少するのは老化のプロセスの一部と医療関係者はまだまだ過小評価している。せいぜい筋力トレーニングやタンパク質、総合ビタミン剤の摂取を勧められる程度だ。

50歳の声を聞くとともに筋肉は弱りはじめ、70歳までに加速する。ここから年に3％の割合で機能が低下していくというのも決して大袈裟な数字ではない。筋肉量の減少は高齢者のライフスタイルに応じてさまざまな影響をおよぼす。防ごうとしても、まだ研究が追いついていない。

今後、高齢者が増加する先進国で、サルコペニアの問題が公衆衛生だけでなく経済にも大きな影響を及ぼすのはまちがいないだろう。そこで２０１５年3月、ＮＩＨＳとエピジェン・コンソーシアムは、サルコペニアの分子マーカーを特定する共同研究としてＭＥＭＯＳＡプロジェクト（Multi-Ethnic Molecular Determinants of Human Sarcopenia）を開始した。

成果が出れば、高齢者の筋肉の減少がいつ始まるのかを特定しやすくなる。プロジェクトは、筋肉の衰えによるケガや、早い時期から寝たきりになってしまう事態を防ぐために、栄養による画期的なサルコペニア対策の開発をめざしている。サルコペニアの栄養療法は、高齢者のクオリティ・オブ・ライフをぐっと引き上げることにつながる（注27）。

歳を取って認知機能が衰えていくかどうかは、食生活や心臓の健康、身体を動かすことと無関係ではない。たくさんの研究がこのことを明らかにしている。新しいところでは、フィンランドの高齢者介入研究のＦＩＮＧＥＲ（Finnish Geriatric Intervention Study to Prevent Cognitive

Impairment and Disability）がある。先に挙げた要因を集中的に管理すれば、認知機能の衰えを防げることがわかった（注28）。

認知症の原因はたくさんあるが、発症と進行に食生活が関係しているらしいこともわかってきた。高齢になって食生活がおろそかになってくると、年齢に関係したある種の病気を発症しやすくなる。それは多くの研究で明らかになっている（注29）。

現在、研究が進んでいるのは、アルツハイマー病などの認知症に対する理解と、栄養がもたらす影響や改善の可能性についてだ。たとえば、アルツハイマー病の患者の脳内に見られるグルコースの代謝の低下は重要なカギとなる。こうしたケースでは、特定の栄養素を用いた対応が重要な役割を果たすことになるだろう。このような対応をともに模索している科学者（ＮＩＨＳの研究者も含む）や臨床医たちによって米国アルツハイマー病学会（ＩＳＴＡＡＲＴ）に専門家会議「Nutrition, Metabolism and Dementia（栄養、代謝、認知症）」が設立された。

２０１３年には早速、ＮＲＣ、ＮＩＨＳの科学者とイタリアのボローニャ大学の研究者の共同研究で、人間の健康な老化と長寿の代謝表現型を見つけた。この研究に参加したのは北イタリアのボランティア３９６人だ。彼らは年齢ごとに３つのグループに分けられた。第１のグループは平均年齢１０１歳で、申し分のない身体機能と認知機能で健康的に歳を重ねた理想的な人たちだ。第２のグループは平均年齢70歳の高齢者、第３のグループは平均年齢31歳のヤングアダルトで構成されていた。１０１歳のグループは、親も長寿だったかどうかで小グループに分かれた（注30）。

老化のプロセスの特徴と代謝の関係をとらえるため、参加者の血液と尿のサンプルを分析した結果、101歳のグループでは特定の脂質が明らかに変化していることがわかった。また、若い人たちのグループには、驚くほど似た物質が含まれていた。101歳のグループでは、両親が長生きした集団とそうではなかった集団で代謝表現型に重要な違いがあった。

101歳のグループでは、酸化と慢性炎症性疾患がかなり防げていた。これが長寿の決め手となる。また、微生物叢による複雑な代謝変換も起きていた。これにより、炎症反応と抗炎症作用のバランスが取れていたのだ。

健康・長寿の生理学的指標は、こうして明らかになった。今後も、異なる条件や遺伝的背景の人たちを対象としてさらに研究を重ね、知見を積み重ねていく必要がある。イタリア人の食生活が代謝に与える影響についての研究はすでに始まっている。めざすのは、健康で長生きするための食生活とライフスタイルの実現だ。

栄養の研究から最終製品にいたるまでは、大きく3つの段階に分けることができる。「発見（Discover）」「開発（Develop）」「展開（Deploy）」だ。それぞれの英語の頭文字をとって「3Dの原則」と呼ぶこともある。基礎研究で得た科学の新しい知見は、そのすべてが新製品の開発や製品のリニューアルに投入されるわけではない。何をどう開発するかを決めるのは、さまざまな事業ユニットだ（図表5）。

## 消費者によろこんでもらうことをめざして

製品が完成するまでの道のりは、ほとんどの場合、一直線ではないし平坦なものでもない。それを社員皆が力を合わせてたどっていく。また、研究室の実験や研究で生まれた新たな知見がそのまま製品化されるわけではない。最終製品とは、「消費者が納得して、よろこんで購入してもらえるもの」である。そこで広まっているのが、「デザイン思考」を取り入れた製品開発である。具体的には、アイデアを出し、試作品（プロトタイプ）をつくって性能や改善点を調べる、そ

**図表5　イノベーションを存分に活用できる体制**

| 発見：インハウスでの基礎研究 | 開発：特許法でテクノロジーを保護 | 展開：地域のニーズに合わせて柔軟に |
| --- | --- | --- |
| ネスレ インスティテュート オブ ヘルスサイエンス<br>ネスレ リサーチ<br>ネスレ臨床開発ユニット | R&D センター<br>製品技術センター | 80カ国超の工場で、300超のタスクフォース |

の情報をもとに試作品をつくり直して実際の条件のもとでテストする。このプロセスを繰り返すのだ。満足できるところまでこぎつけたら、生産プロセスを開発するフェーズに移り、開発に成功したら、適切な市場に絞って試験的に商品を出し、反応を見る（注1）。

このとき、試験的に出す段階で、市場をさらに広げていくためにネックとなる部分があるかどうかがカギとなる。新しいアイデアと消費者が求める商品価値が両立していれば、その製品を使ってみよう、使い続けてみようということになる。実際のところ、10種、いや5種の新製品を投入して、期待どおりに成功するのはたった1つだ。市場が異なれば、消費者のニーズも異なる。新しい製品の受け止め方に違いが出ることは、あらかじめ織り込んでおく必要がある。

これまでを振り返ると、消費者のニーズをわかりやすく反映できた製品を出せば、だいたい成功した。消費者の行動と、その根底にあるものを理解することは、今日、ますます欠かせなくなっている。

大手食品メーカーにとって、健康とウェルネスの領域の研究は不可欠だ。今後、食品業界には、科学的知見を生かしてどのようなサービスを提供するよう求められているのか、フラウンホーファー研究機構は次のような方針を掲げる。

生理的プロセスと生体システムを踏まえた食生活改善のためのシミュレーション、望ましい食事量と栄養摂取量を数値化するための新しいメソッド、食物の成分のバイオアベイラビリティと代謝運命を数値化するメソッドの開発。企業や大学や研究機関の研究上の情報交換の活発化。フラウンホーファーは、世界全体に推奨したい例として、ネスレ リサーチの研究活動を挙げている。

## スペシャルティ・フードとウェルネス・フードの成長市場

健康志向と資源保護の機運が高まるにつれて、健康に関する人々の意識はこれまでとは様変わりした。栄養摂取の仕方の「リセット」が始まったのである。

数字を挙げて見ていこう。2016年の「健康とウェルネス」食品のグローバル市場の規模は1650億ドルとユーロモニターは見積もっている。トランスペアレント・マーケット・リサーチは、栄養補助食品のグローバル市場は1800億ドルと弾き出し、2021年末までに2800億ドルに達すると見ている。機能性食品・飲料やダイエタリー・サプリメント、パーソナルケア製品、医薬品などを含めた栄養補助食品のグローバル市場は、ヘルスサイエンス製品の市場をはるかにしのぐ。さらに、スペシャルティおよびウェルネス食品という広いくくりで見れば、世界市場の規模は7000億スイスフランとユーロモニターは見積もっている。これには、年間9%の成長が見込まれている（注2）。個人の健康志向というニーズを満たす、まったく新しいカテゴリーの市場であるため、最新の統計手法を駆使するのではなく、先を見通す能力が必要だ。以前、ノキアで働いていた人物から聞いた話が忘れられない。携帯電話が登場してからまもないころには、販売台数が世界で50万台に達したらグローバル市場は飽和するものと思われていたそうだ。

## 栄養・健康・ウェルネス企業へ

ネスレを「食品メーカー」から「ウェルビーイングの会社」へ。2000年にわたしはその可能性について考えていた。ウェルビーイング（心身ともに健康で幸せな状態）を支えるのは、人生のさまざまなステージとライフスタイルに適した、バランスの取れた健康な食生活だ。心身の調子が良好であるのに加えて、見た目も若々しく、行動的なライフスタイルを送り、長生きすることを、ウェルビーイングという言葉に込めた。

当初、ウェルビーイング・カンパニーは、「食品」「製薬」「化粧品およびパーソナルケア製品」の会社を3つの軸とし、新しい業界をつくるという構想だった。が、消費財業界と製薬業界のビジネスモデルはまったく異なるという理由で、ネスレの取締役会は薬品会社を除くと決定した。

こうしていよいよ、「栄養・健康・ウェルネス企業」という長期的な戦略目標が定まった。

めざすのは、ひとりひとりに適した食生活と健康管理の提案である。その実現には精度の高い診断技術が必要となるが、自前の製薬会社を持つ必要はない。課題は、21世紀の急性疾患と慢性疾患を予防し治療する方法をいかにして見つけるか、しかも、効果的で費用効果の高い方法をいかにして開発するのかである。

いったんは製薬業界を視野に入れたが、ネスレは今後も幅広い消費財業界で消費者に焦点を絞り、企業活動をおこなう方針を貫くこととした。食品業界において重要なのは個々の消費者だ。肝心なのは、消費者が製品を購入するかどうかである。一方、製薬業界で肝心なのは薬が効くかどうかだ。ネスレは一貫して消費者重視であり、それが企業としての大きな強みとなっている。

こうしてネスレは、健康を柱とする企業として新たな軌道を進み出した。これは、企業として倫理的にふるまおうとするからではなく、あくまでもビジネスとしての決断である。これからの20年で食品業界には次のイノベーションの波が起きるだろう。それは健康をテーマとしたものであるとわたしは確信した。これまでの40年間は、利便性が評価され、価値を生み出してきた。次の20年は健康へのメリットが製品の価値を決定するようになるだろう。新たに「栄養・健康・ウェルネス企業」の軌道を進むにあたっては、研究開発事業の見直しが必要だった（訳注：医療スキンケア事業を行うネスレ スキンヘルスは2019年に売却した）。

## ヘルスケア・ニュートリション――特定の病状に対応した栄養ソリューション

1986年、ネスレは、ヘルスケア・ニュートリション事業に乗り出した。当初は「ネスレ ニュートリション」の一事業部だった。このときからすでに、新しい業界に向かって下地づくりが始まっていたのだ。事業は拡大していった。病人と高齢者向けの栄養補助食品を提供し、栄養不足を判定するためのツールを開発した。がん患者と胃腸障害を患う人向けの製品、栄養管を通じての経腸栄養関連製品も提供した。

2007年半ば、ネスレは、ノバルティスのニュートリション事業部を買収し、医療用栄養食品のグローバル市場に大きな一歩を踏み出した。アメリカの製薬会社アボットに次ぐ業界第2位の会社となった。ネスレ ニュートリションの乳幼児栄養部門は、2007年にノバルティスのベビーフード製造部門、ガーバーを買収して強化を図り、栄養ソリューションの分野で世界のリーダー企業となった。

## ネスレ ヘルスサイエンス――健康の新しいフロンティアへ

2011年、新会社「ネスレ ヘルスサイエンス」が活動を開始した。同時に創立された「ネスレ インスティテュート オブ ヘルスサイエンス（NIHS）」とともに、科学にもとづいた個人向け健康関連製品の開発を手がける。事業ポートフォリオは、高齢者の健康、脳の健康、胃腸の健康、先天性代謝異常症など、社会の重要課題に即したものとなっている。また、健康管理のための栄養療法の開発と展開も創業当初からの重要な柱である。

ネスレ ヘルスサイエンスは、科学にもとづいた栄養療法の分野で世界のリーダーになることをめざしている。具体的には「コンシューマー・ケア」「メディカル・ニュートリション」「ノベル・セラピュティック・ニュートリション」の3つの領域を手がける。もとはネスレ ニュートリションの一部だったヘルスケア・ニュートリション事業はネスレ ヘルスサイエンスの軸となった。ネスレ ヘルスサイエンスは、社名のとおり、ヘルスサイエンス・カンパニーとして栄養療法の役割を推進し、消費者や患者、ヘルスケアを支えるパートナーのために健康をサポートする。また、同社の事業ポートフォリオを構成する「栄養ソリューション」「診断」「機器と薬」は、先天性代謝異常症や、小児および急性期ケア、肥満、高齢者の健康、胃腸および脳の健康など多岐にわたる領域を対象とする。イノベーションに投資し、最先端の科学を活用し、臨床的および医療経済的な裏付けがあり、クオリティ・オブ・ライフに貢献できるイノベーティブな栄養療法を開発する（図表6）。

コンシューマー・ケアの領域では、一般の消費者向けの栄養ソリューションを提供する。セルフケアのための製品を小売店やドラッグストアなどで購入してもらう。自己診断やヘルスケアの専門家による助言で、処方箋なしで手に入る。健康への意識の高まり、高齢化にともなって急成長している領域だ。

メディカル・ニュートリションの領域では、病気や特定の病状に苦しむ人々の食生活のニーズ

図表 6　基礎研究のテーマ

| ネスレ インスティテュート オブ ヘルスサイエンス | ネスレ リサーチセンター | R&D トゥール | 臨床開発ユニット |
|---|---|---|---|
| ・脳、代謝、胃腸の健康、老化<br>・バイオマーカー、作用機序<br>・オミックス・テクノロジー<br>・ビッグデータ（システム生物学）のためのコンピュータサイエンス | ・栄養と健康<br>・フードサイエンス、フードテクノロジー<br>・知覚科学、コンシューマーサイエンス<br>・品質と安全性<br>・分析科学 | ・作物収穫高<br>・苗木の品質<br>・サステナビリティ | ・臨床研究<br>・代謝ユニット<br>・データ管理<br>・生物統計学 |

にこたえる栄養療法を提供する。先天性代謝異常症、小児、食物アレルギー、急性期ケア（重篤な疾患、嚥下障害、がんも含む）、代謝、肥満、がんなど、対象は幅広い。医療従事者の推奨に従って病院や高齢者施設、家庭でのケアで利用してもらえる。

ノベル・セラピュティック・ニュートリションの領域では、特定の栄養素をベースとした先端的な取り組みをしている、さまざまな企業に出資をおこなう。主に脳と胃腸の健康の分野で事業を展開している。

胃腸の健康に関するイニシアチブとしては、マイクロバイオームを利用した治療薬の開発に投資している。腸内フローラを健康的な状態に戻すことで、さまざまな病気の予防につながる。健康的な状態が損なわれる原因としては、心的外傷後ストレス障害、さらには薬という場合もある。強力な製品パイプラインでは、40を超える有望なプロジェクトが進行中だ。アメリカのニュージャージーでは、新たにネスレ・プロダクト・テクノロジーセンターが設立され、ネスレヘルスサイエンスの3つの重点領域の科学的知見がイノベーションに転換されている。

## 合弁事業と買収で科学的な基盤を強化

ネスレに所属する科学者と研究者は世界中で5000名を超える。さらに、それぞれの領域ごとに大学とバイオテクノロジー企業の一流の専門家の協力を得ているので、実際にはその何倍ものポテンシャルだ。企業買収と合弁事業により、健康と栄養の最先端の科学研究の結果は実用化される。2010年には、イギリスのリバプールに本社を置くヴィタフを買収した。同社は生後まもなく診断される遺伝性代謝疾患の人々のための栄養療法を開発している。

2011年には、カリフォルニア州サンディエゴに本拠地を置くプロメテウス研究所を買収した。同社は、胃腸疾患とがんの分野で革新的な診断製品および医薬品の開発に特化している。診断製品と医薬品を統合したことによって、ネスレ ヘルスサイエンスは、治療の最適化に向けた製品を医師に提供できるようになった。

2013年には、うつ病と糖尿病性神経障害の患者向けの医療食品を製造しているアメリカの会社、パムラボを買収して、脳と代謝の領域を強化した。

2012年からは、アメリカのアクセラに資本提供をおこなっている。同社はアルツハイマー病など、神経変性疾患の患者向けの医療食品開発と商業化に特化していた。これを機に、ネスレ ヘルスサイエンスは脳の健康の分野に事業を拡大した。

2012年、ネスレ ヘルスサイエンスと中国の製薬会社ハチソン・チャイナ・メディテックは50%ずつの出資比率でニュートリション・サイエンス・パートナーズ・リミテッド(NSP)を設立した。NSPは薬用植物由来の革新的な医薬品および栄養製品を開発する。まずは胃腸の健康に、さらに代謝と脳の健康に対象を広げる。ハチソン・チャイナ・メディテックは中国の漢方薬の世界有数のライブラリーを備えているため、NSPは1200を超える異なる薬用植物と5万を超える植物エキスなど充実したライブラリーにアクセスすることができる。

2015年1月、ネスレ ヘルスサイエンスは、マサチューセッツ州ケンブリッジに本社を置くセレス・セラピューティクスに6500万ドルを出資した。セレスは、マイクロバイオーム治療(エコバイオティクス)の開発で世界をリードしている。2016年1月、ネスレ ヘルスサイエンスとセレナは、クロストリジウム・ディフィシル感染症と炎症性腸疾患の分野での独占的な契約に署名した。潰瘍性大腸炎の治療のための新しい治療法を開発するドイツのリピッド・セラピューティクスに対しても出資をおこなっている。

ネスレ ヘルスサイエンスは、マサチューセッツ州ケンブリッジを本拠地とするフラッグシップ・ベンチャーズと戦略的な革新的パートナーシップを結んだ。フラッグシップ・ベンチャーズは、ヘルスケアとサステナビリティのイノベーションに取り組むベンチャーキャピタル企業の設立と出資において有数の会社だ。同社とのパートナーシップで、健康的な食生活と治療法に取り組むスタートアップ企業各社を支える。フラッグシップ・ベンチャーズを通じて革新的な知見とテクノロジーにいち早くアクセスし、マイノリティ出資やライセンシング、合弁事業、買収などの方法で最大限活用する。

## 栄養療法

製薬業界は今後も、病気の治療や症状緩和のために医師の指示で投与される薬の開発に事業の的を絞るだろう。副作用をできるだけ防ぎ、的確な投与量を見極めるには臨床試験が欠かせない。高額な費用と長期にわたる研究が必要だ。

ヘルスケア業界は、このような製薬業ばかりではない。処方箋なしで購入できる医薬品や、自然療法やホメオパシー療法に使われるビタミン剤や栄養補助食品、さらには、健康・ウェルネス業界という新しい領域に関連する製品もここに含まれる。

食品業界は、栄養を供給する従来の製品に加えて、必須微量栄養素や微量元素を強化した製品を提供するだろう。健康・ウェルネス業界は、人間の身体の機能を分子レベルで理解する領域に力を入れている。日々摂取する食べ物の有効成分を分子レベルまで掘り下げて研究し、そこで得られた科学的知見をもとに、病気の治療や予防に役立つ、新しい機能性食品を開発していくだろう。

## 長寿をターゲットとした開発競争

健康・ウェルネスの領域には、大手食品メーカーだけでなく、研究に充てられる資金が潤沢なIT業界も参入している。グーグルは2013年にバイオテクノロジー企業、カリコ（Calico）を設立した。社名はカリフォルニア・ライフ・カンパニーの頭文字から取ったものだ。同社がめざしているのは加齢にともなう病気の克服で、さらには寿命を延ばす方法も見つけようとしている（注3）。

2012年、再生医療の市場は26億ドル超と見積もられた。同市場では、寿命を延ばす研究ばかりがおこなわれているわけではない。たとえばネスレでは、できるだけ長く健康でいられること、クオリティ・オブ・ライフを高めることを重視している（注4）。

カリコは、たとえば寿命を10年単位で延ばす方法など、いかにもシリコンバレーのスタートアップらしい、常識的な枠にとらわれない野心的なゴールを掲げている。実現に向けてはまず、がんの克服が課題となる。がんはそれ自体で平均寿命を3年縮める。カリコの壮大な目標に比べると、ネスレの目標ははるかに実現可能に思われる。

老化とは何か、くわしいことはまだよくわかっていない。時とともに細胞のDNAが負うダメージと修復メカニズムのバランスが取れなくなり、病気や死へとつながっていくのだろうか。ミトコンドリアの機能が弱っていくのか。あるいは、幹細胞を失うことなのか。プロテオーム解析によってこの謎を解き明かせるのか、それとも、マイクロバイオームの研究をもっと進めるのがよいのか。いずれにしても包括的で組織的な研究が求められることはまちがいない。

## 適切なタイミングと適切な対象を絞り込む

人生最初の1000日には、適切な栄養を摂ることがとても大切だ。同じことが、高齢者にもあてはまる。骨粗鬆症の高齢者にはたくさんのカルシウムとビタミンDが必要なので、食事で足りない分を栄養補助食品で補うメリットは大きい。

嚥下障害も高齢者に多く、深刻な影響をおよぼす。食べ物を咀嚼して胃に送り込むことが難しくなるため、不足する栄養素を補うには、どろっとした流動食が最適だ。食品業界と製薬業界の大きな違いは、食品業界には、必要な成分を提供するだけでなく、見た目も味も満足のいくものを開発するノウハウがあることだ（注5）。

代謝を高めるには運動が効果的だが、年齢や病気、障害があるなどの理由で身体を動かすのが難しい場合はどうすればいいのか。ネスレの科学者は、食事をコントロールすることによってエクササイズの効果を高める方法を見つけた。薬が働く仕組みを模倣する栄養ソリューションを開発すれば、スポーツによる脂肪燃焼を活発にして代謝を高めることができる。これなら激しいエクササイズではなく適度な運動で代謝をあげられるため、高齢者や病人も良好な体調を維持できるだろう（注6）。

## 低栄養で攻撃的に

オックスフォード大学の科学者、バーナード・ゲッシュは、イギリスの刑務所に収監されている受刑者が依然として暴力的であることに注目し、複数の刑務所で実験をおこなった。食生活がよくなれば穏やかになるかどうかを調べたのだ。それ以前の研究からも、もともと囚人の多くが、白パンやフレンチフライ、甘味で構成される非常に単調な食生活を送っていたことがわかっていた。もっとビタミンやミネラルが豊富な食事をさせようと、果実や野菜、サラダなどを加えても彼らは食べようとしなかった（注7）。

ゲッシュの実験では、これまでどおりの刑務所の食事に1つだけ錠剤を加えた。不飽和脂肪酸とミネラル、ビタミンが含まれる1粒だ。4カ月半後、錠剤の服用を続けた囚人たちは、通常の食事だけだった囚人よりも、暴力行為などの問題行動が平均37％減っていた。明らかに食生活と問題行動には直接のつながりがあった。さらなる研究によってこの結果が裏付けられれば、刑務所の食事だけでなく、幼稚園や学校、病院、老人ホーム、会社、軍隊の食事の中身についても再検討がおこなわれるだろう。

## 極限状態を切り抜けるための食事

2015年3月、アブダビから、太陽エネルギーを動源とする電動飛行機「ソーラー・インパルス2」が世界一周飛行に飛び立った。2015年7月、同機は日本からハワイまで約8300キロを118時間で飛行し、記録を樹立した。この長距離飛行のさなか、搭乗していたふたりはほとんど身動きできず、落ち着いた精神状態を保つ必要があった。

高度8000メートルの加圧していない機内で、必要な栄養をどう摂取すればいいのか。この難題を克服するには、極端な温度変化に耐える食べ物とパッケージが必要だ。しかも食べやすくおいしいものでなければならない。

高度という条件下では、どうしても食欲が落ちる。そこで2種類の食べ物が用意された。高度3500メートル以上で食べるものと、それより低い高度で食べるものだ。それぞれのパイロットに必要な栄養を調べ、分析したうえで食べ物は用意された。3万5000キロの行程を12のフライトに区分して食事を取れるようにした。500時間にわたって大気中に身体をさらすことになる彼らの精神的な重圧は大変なものだった。この飛行から収集されたデータは、極限状況に備える食品の開発に活用されている（注8）。

# 第6章 政府と市場の役割

The responsibility of policy

この章では、ひとつの国だけでなくグローバルな規模で影響し合う「社会・医療政策」「開発政策」「競争政策」といった3つの領域について考える。この先、社会制度と医療制度は病気を未然に防ぐ対策に軸足を置くようになっていくだろう。「診断と治療」から「予測と予防」へという流れは、もはや止められない。それが経済の繁栄につながるなら、なおのこと。

病気を未然に防げれば、クオリティ・オブ・ライフを高め、健康で長生きする可能性が高くなる。対象となるのは、健康な人だけではない。すでに慢性疾患に苦しむ人にとっても、さらなる合併症を防ぐことができれば、効果は大きい。病気の予防政策は、採算が取れるかどうかではなく、あくまでも倫理的な観点からおこなうべきである。

高齢化を前提として考えれば、いつまでも元気で働く社会となるだろう。それは、病気を適切な方法で防ぐこととセットである。健康保険・年金政策だけが責任を負うのではなく、人々が歳を重ねても元気で働くことで恩恵を受ける雇用主も責任を果たす必要がある。

効率的な健康管理を実行すれば、時間をかけて医療費を減らしていくことができる。もちろん、そのためには確実に病気を予防できる手段を取ることが前提である。これにより、医療財政が危機に陥ることも免れる。予防は、次の3つのレベルに分けることができる。

1次予防の対象となるのは、健康で、病気の症状がない、かつ、病気になるのを防ぐための行動を取ることが可能な人たちだ。人口のかなりの割合がその対象となる。1次予防には、幼稚園や学校での予防措置も含まれる。2次予防は、まだ症状があらわれていない状態の人たちを対象に、病気を早期発見するためのスクリーニング検査などだ。がん検診もこれに含まれる。3次予防は、症状の重篤化を防いだり、合併症を防いだりするための措置だ。

健康のために個人が行動を変えるように国が促す際には、おもに啓発という手段を取る。制限措置を取る場合もある。タバコやアルコール、他者の生命に危険をおよぼす行動などに関しては勧告や禁止措置に踏み切る。たとえばデンマークは肥満税を導入した。アメリカは肥満対策として、2018年から食品に人工のトランス脂肪酸を使用することを禁止した。とはいえ、このようなかたちの介入は経済全体に与える影響が大きいため、当局側はあまり積極的ではないようだ。

現在の医療制度では、患者をすみやかに受け入れて治療する医師の負担が増大していることに対し、十分に報われていないケースが多い。これを踏まえた医療の報酬制度の改善が必要だ。健康管理の水準は市民の教育レベルと連動している。教育制度を充実させれば、国民のヘルス・リテラシーを高めることができる。また、インターネットから健康情報を収集する人々は増えており、今後さらに活用されていくだろう。

効果的な予防対策には、ハイリスクの人などに対象を絞って的確な策を講じるのが一番だが、今日、多くの国ではターゲットとなる集団の選定や最適な対策ができていない。どんなプログラムで健康を管理すればよいのか、そのための資金調達の方法も明確ではない。政治主導による迅速な対応が必要だ。

科学的知見を基盤に、ひとりひとりに適した理想的な健康管理の方法が開発されるのは、まだ先のことだろう。科学と技術がさらに進展し、割安な費用で大規模に実行できるようにしなければならない。個別化したプレシジョン・メディシンへの道のりは長い。まずは、高度な科学的知見と技術を活用してターゲットを絞り込むメソッドを開発する。そして、それぞれのターゲットに適した対処をする。現在はまだ、特定の集団あるいは階層を対象としている段階だ。

予防的医療を制度として整える際には、危険因子に働きかけられるようにする必要がある。危険因子のほとんどは、ひとりひとりの特性に由来するものである可能性が高い。「日々の行動を変えることによって予防する」といった方法がどれほど多くの人に効果があるのかは、検証が必要だ。併せて、自動車事故や都市化にともなう排出ガス、紫外線の増加などといった外的な危険因子の増加も考慮しなければならない。

## 健康管理による予防とグローバルヘルス

「グローバルヘルス」について考えるとき、病気を予防するための健康管理はきわめて重要だ。世界の人々の暮らしと消費習慣が均質化するにしたがって、非感染性の慢性疾患の患者が増えていく。途上国でも新興国でも先進国でも。防げるはずの感染症による死や非感染性の疾患は、世界中で経済発展や社会的・政治的安定を妨げ、脅かしている。それが現状である。

新興国と途上国の人々を苦しめる病気は、貧困と格差、それにともなう紛争が大きな原因だ。気候変動も公衆衛生の課題となる。飢餓と栄養失調は、依然として解決されていない。ＷＨＯ憲章で定められている健康とは、肉体的、精神的、社会的に完全に良好な状態であり、病気あるいは虚弱ではない状態だけを指すものではない。その意味で食料は人権そのものといっていい。

グローバルヘルスの領域には、開発や商業、食料、農業、研究、教育、環境保護などが含まれており、多くの政策と密にかかわっている。したがって、保健の専門家だけではなく、政府や国際機関、非政府組織関係者がともに取り組むテーマである。

途上国の感染症や水の問題、衛生状態、栄養失調といった問題に焦点があてられ、これまで「インターナショナルヘルス」と表現されてきたコンセプトは刷新され、「グローバルヘルス」に置き換えられた。従来の重要課題に加えて、予防に重点を置き、「健康は社会の財産であり、すべての利害関係者が力を合わせて守るもの」という共通の理解を明確にして、制度と構造の重要性を明らかにした。

依然として感染症のリスクにさらされている途上国では、グローバリゼーションと都市化によって生活習慣病という健康リスクも新たに加わった。グローバルヘルスは、それぞれが健康を管理していくことをめざしている。それには、国際的な団体や政府機関、市民社会、民間部門の協力が欠かせない。政府と民間企業の双方が力を発揮するには、国内および国際的な競争政策が有効だ。

## フェアな競争を政策に

政府と国際組織の政策に関して、ネスレの見解とわたし個人の見解はほぼ変わらない。わたし個人は、ソーシャルリベラリズムのひとつとしてドイツで生まれたオルド自由主義の立場を取っている。国家は経済活動において、市場での自由競争を奨励し、個人の自由が守られるように秩序を保つ責任がある。また、法的な枠を設定することで独占や寡占を防ぐ。

オルド自由主義の理論では、経済制度において次に挙げる原則が明確であるときに、国の目的が実現される。

・自由市場価格と価格メカニズムがきちんと機能することが保証されている
・公開市場を確実にする、あるいは市場参入障壁を防ぐ
・契約の自由
・法の下の平等
・生産手段の私有
・民間部門の意思決定力、ならびに汚染者負担の原則が責任をもって果たされることを確実にする

国家は経済活動に対し適切な介入はおこなうが、それが市場の価格メカニズムを損なうものであってはならない。実際、グローバリゼーションについては枠組みが必要である。ネスレは、工場を置くすべての国で、その地元の消費者や従業員、国家機関に対し、この指針に沿って行動する。それぞれの国の社会構造において企業が非常に重要な存在であることを自覚し、自社が操業している環境に配慮し、敬意を払う。

加えて、グローバル企業は製品の品質と安全性について、また多様な利害関係者や環境と生態系、人権への取り組みについて明確で不可侵である原則と価値観を持つ。

ネスレはこの原則を持ち、活動の場であるそれぞれの国の繁栄に貢献する。それは、よい製品を市場に提供するだけでなく、専門技術や新しい技術の提供、賃金の支払い、原料の購入においても貢献するという意味である。何よりもグローバル企業は競争を促すのに貢献できる。それは、サプライヤーや事業および財務のパートナー、当局がよりいっそう力を発揮する原動力となる。

飢えとの戦いから抜け出して、さらに豊かになり、教育水準があがり、問題意識が芽生えるとともに、新しい価値観が形成される。これが民主主義が発展する基盤となり、人権の尊重に光が当たる。価値観を明らかにすることとは、言葉を並べたてるだけでなく具体的な行動として示すことである。

企業の活動や企業が掲げる原則とその実践は、株主や消費者、市民社会、従業員、当局など幅広い関係者に賛同してもらえるものとなっているか。それが長期的な企業の成功を左右すると、わたしは考えている。したがって、企業経営においては、法律を遵守し、社会問題への理解を深めること、そして企業活動と地域社会の利益を一致させることを常に念頭に置く必要がある。そのためには、利害関係者との対話を絶やさず、社会的に重要なテーマについての知識を掘り下げていかなくてはならない。

# 第7章 求められる食習慣の変化

The responsibility of each individual

人は皆、生まれや社会的地位に関係なく、自分自身と家族の健康と福祉が、そして食料と医療が保証される暮らしを営む権利がある。これは1948年の国連の世界人権宣言、第25条で明らかにされている。わたしたちひとりひとりは、これを実現するためにできるかぎりの努力をする責任を負う。しかし、自然あるいは社会の状況が、そうした個人の力や知識、技術を阻むこともある。その場合は他の人々や各種制度の支えがよりどころとなる。

## わたしたちの意志が及ぶこと、及ばないこと

人の食生活と食べ物の好みはどのようにして決まるのか。この問いに対し、いまのところ生命科学はこう推測する。遺伝子構成や環境、社会的環境、文化的背景が複雑にからみあって決まるのだと。たいていの人は、身体によい食生活の知識があると自覚している。にもかかわらず、大多数はそのとおりに実践していない。どうして食い違ってしまうのか。

思考と行動が食い違う原因は、ひとつには遺伝形質、そして人との交流と教育を通じて築かれ

た人格構造にあると個人心理学は説く。意志が弱く、自制心に欠け、合理的な判断ができないように見えるのは、そのためなのだろうか。社会心理学によれば、それは社会環境と社会的影響が原因であり、特に宣伝の影響が大きいという。神経科学者にいわせれば、脳内の無意識のプロセスが関係しているので、意識的なコントロールはおよばず、知性に訴えかけても効果がない。

3人の進化生物学者、ジョー・アルコック、カルロ・C・マレイ、C・アテナ・アクティピスは、食習慣に腸内微生物がかかわっているのではないかと考え、120の科学出版物をもとに研究した（注1）。

## 決定権を持っているのは、頭だけではない

糖分たっぷりの油っこいものを食べたいが、食べてはいけない。日々こう葛藤する人たちの数はかなりにのぼる。不健康な食生活が身体に悪いことは重々承知している。肥満や糖尿病、循環器疾患はもちろん、胃がんと腸がんのリスクや、睡眠の質を悪化させて心身に悪影響をもたらすことも。それなのに、なぜきっぱりと食生活を切り替えられないのか。

食欲を制御する難しさについて、研究者たちは新たな視点からのアプローチを試みた。進化の過程で食習慣が変化すると、腸内細菌のニーズを満たせなくなり、微生物は自分たちのウェルビーイングのために人間のふるまいを操るのだと。おかげで当の人間は健康を損なう。そんなことはないだろうか。

ヒトの体に共生する微生物（マイクロバイオーム）は重要な機能を果たしている。当人はほとんど意識していなくても、腸内の微生物は食物の活用と免疫系の発達にかかわっている。ただし、細菌すべてがせっせと活動に励んでいるわけではない。生息のスペースと栄養を求めて細菌同士の競争もある。種類が異なる細菌は互いに激しく牽制しあい、身を守るためのエネルギーも奪い取ろうとする。細菌の種類が少ないほど、熾烈な争いとなる。

特定の微生物の集団が大きいほど、宿主である人間を容易に操って自分たちのニーズを満たしやすくなる。裏を返せば、微生物の種類が少ないほど、不健康なライフスタイルになりやすく、肥満になりやすい。

人はマイクロバイオームによって操作されているのかもしれない。裏付けとなりそうな科学的なデータはたくさんある。細菌にはさまざまな系統があり、炭水化物を受け取ると思い切り繁栄する細菌もあれば、全粒穀物と少量の脂肪を好む細菌もいる。和食では海藻がよく使われるので、日本人の腸内の微生物は藻類の消化に特化するようになっている。ソルガム（もろこし）を食べるアフリカの子どもたちの腸には、ソルガムに含まれる特定のセルロースを使う微生物がいる。

「食いしん坊」に分類できる微生物も、腸内で生き残りをかけて戦っている。宿主をうまく操って、欲しいものを手に入れようとする。チョコレートに目がなくて大量に消費する人とそうでもない人を比べると、マイクロバイオームの構成が異なることがわかっている（注2）。ただし、そのせいでチョコレートの消費が増えるのか、その逆なのかはまだ明らかではない。

マウスでの実験では、人の行動とマイクロバイオームの構成が関係していることがわかった。そこには中枢神経系が大きくかかわっている。赤ちゃんがお腹を空かせて泣くとき、マイクロバイオームがそれを促しているという可能性は十分にある。栄養素が足りないと感じるのは、赤ん坊本人ではなく体内のマイクロバイオームだ。大人でも空腹で機嫌が悪くなるのは、細菌が食べ物をよこせと合図しているからだろう。細菌は何らかの方法で神経を操って痛みの信号を出している、という仮説が成り立つ。そして、微生物が人を操作する方法はこれだけではない(注3)。

実験で無菌マウスと通常のマイクロバイオームを持つマウスを比較すると、舌と腸に存在する脂肪の味覚受容体が異なることがわかった。別の研究では、甘い食べ物を強く好む無菌マウスは、通常のマウスに比べて甘味受容体が多く、糖を好む細菌がたくさん生息していることがわかった。微生物が宿主の味覚受容体を変化させたり、受容体の知覚を変化させたりして食べ物の好みを変えているということではないか。わたしたちの満腹のレベルも制御されているのだろう(注4)。

迷走神経が摂食行動と体重を規制することは知られている。腸内の微生物が神経化学物質を使って迷走神経の活動に影響し、その結果として人は食べ物に走る、ということになる。哺乳類の場合、ドーパミンやセロトニンなど、気持ちやムードに影響するホルモンの50%あまりが腸で形成されている。これまた腸内にすみ着いている微生物の一部のしわざだ。では、そもそもお腹が空いたという気持ちと食欲は、いったいどこで誰がコントロールしているのだろう。その問いに対する答えはまだない（注5）。

ほとんど食料が手に入らない状況で、あるいは断食しているときには、たくさん食べたいという気持ちは芽生えない。むしろ、食べれば食べるほど、あるいは食生活が偏るほど、食べたい気持ちは強くなる。これは、食べ物が入ることでマイクロバイオームの構成が偏ってくるからだと思われる。好ましくない微生物が優勢になると、人は摂食行動をコントロールできなくなるのだろう。

肥満は伝染する。その証拠を研究者は明らかにしている。集団で食習慣を変えるといったレベルではない。腸内細菌によって人から人へうつるのだ。腸内細菌の宿主が暮らしている場所、たとえば自宅アパートを調べると、その人物の腸内細菌を検出することができる。ホテルの部屋でも、新しいゲストが到着して数時間のうちに新しい微生物がすみ着く。人と人との接触からも腸内細菌はうつると考えていいだろう。腸内細菌はそれまでの宿主の食習慣を変えたように、新しい宿主の食習慣を変えてしまうかもしれない（注6）。

薬物やアルコールへの依存と、食べ物への依存はかなり異なる。薬物依存やアルコール依存は、ある効果を得ようとして薬物やアルコールの消費量が増えるが、食べることをコントロールする微生物は、依存しているのではなく、栄養ニーズを満たそうとしているだけである。したがって健康的な食欲を持つ健康な人物は、何か病気でも潜んでいれば別だが、必ずしも「食べ過ぎる」ことにはならない。確かに大食いによろこびを見出す人々はいるが、現在の研究では、薬物の乱用と大食いは異なるメカニズムで起きていると考えるのが妥当だ。

プロバイオティクスによってマイクロバイオームの構成だけでなく、その働きまで変えて、同じ量を食べても体重を減らすこともできる。つまり、微生物が一方的にわたしたちを操るのではなく、わたしたちが操る側にまわるということだ。プレバイオティクス、プロバイオティクス、アンチバイオティクスによってマイクロバイオームの構成を変えることができるが、大事なのは、変化した状態を続けることだ（注7）。

微生物が宿主を操作するといっても、わたしたちが実際にそれを自覚することはない。微生物同士でコミュニティを形成しているのも、その理由のひとつだ。わたしたちは食事をするとき、必ずしも合理的な判断にもとづいているわけではなく、気持ちや身体的な感覚の影響も受けている。マイクロバイオームからの働きかけもあるだろう。マイクロバイオームを構成する種を分類すれば、それぞれの機能とのつながりを理解できる。しかし、栄養を摂取するという行動を理解する際には、外的な条件を除外するわけにはいかない。

## 伝統、食生活の神話、イデオロギー

欧米社会では、人々の食習慣に伝統がおよぼす影響は小さくなる一方、社会環境はますます大きく影響するようになっている。ただし、宗教の戒律やタブーなどに従って食生活を営む人々は別だ。

子どものころの食べ物の好みや食習慣は、その後もだいたい変わらないことが多い。それは社会化の過程で身につけたもので、前の世代から受け継いでいるわけではない。そして、いつの世でも変わらないのは、何をどんなふうに食べるかが、メッセージの発信行為として重みを持つということだ。何をどこでどのように食べるのかは、わたしたちが何者であるのかを雄弁に語る。何を食べ、どんな栄養を摂っているのかを知れば、その人が何を重んじ、どういう生き方をしているのかが手に取るようにわかる。

## 知識よりも神話

食品がどうつくられ、どんな品質であるかという正確な知識を仕入れず、漠然としたイメージや栄養についての神話にふりまわされてしまうケースはよくある。味や鮮度、由来、自然食品(保存料や添加物を使っていない)にこだわり、産地の細かな情報を確かめ、それをもとに品質を評価する。しかし、それでほんとうにわかるだろうか。

消費者の3分の2は、食品の品質を判断する際、どのように加工されているのかをいちばん気にする(注8)。生産チェーンの透明性と持続可能性についての情報開示が求められているということだ。一部の信頼あるブランドを除いて、ある製品が消費者の手に渡るまで、常に環境に配慮されているのか、どんな方法でどれだけ時間をかけて輸送したのか、社会的基準を遵守した生産がされているのかは消費者からは見えにくい。

特定の商品が悪者扱いされる風潮は、正しい知識が消費者に行き渡っていないことが一因だ。

1961年、アメリカ心臓協会が発表した、コレステロールについての研究結果では、心臓発作と脳卒中を増やしているのはミルクやバター、牛肉だと名指しされていた。近年、ジャーナリストのニーナ・タイショーツは著書『The Big Fat Surprise: Why Butter, Meat and Cheese Belong in a Healthy Diet（訳注：これは驚き：バターや肉、チーズこそが健康的な食生活を支えていた）』のなかで当時を検証し、政府と消費者団体が提供したアドバイスは、信頼がおける科学的知見にもとづいたものではなかったと述べている（注9）。

あれから約50年のあいだ、アメリカ人はびくびくしながら牛肉やチーズ、ミルク、卵を遠ざけたり、良心の呵責をおぼえながら食べたりしてきた。歴史家ウォーレン・J・ベラスコはこれを「ネガティブ栄養学」のムーブメントと表現した（注10）。

## 自然に帰ろう——本物を求めて

ヘルシーな食生活というコンセプトは、バランスの取れた健康的な食生活をめざすものだが、その中身は漠然としたイメージで理想を語っていることが少なくない。食品の由来や生産法にも独特のこだわりが見られる（注11）。

旬の果実と野菜をひときわ高く評価し、食卓にのぼる動物の保護に注意を払う。地方の生産者がつくった遺伝子組み換えではない作物以外は受け付けない。オーガニック製品の分類表示よりも、そうした条件を重視する。根底にあるのは、本物への憧れだ。きれいな自然、動物の保護、季節の移り変わりを大切にする暮らしこそが本物だとされる。理想の追求と科学的合理性が噛み合わない事例である。

栄養に関心が高いのは、どちらかといえば男性よりも女性だ。そして男性よりも女性のほうが、栄養摂取にイデオロギーがともなう傾向が高い。実際の研究結果にもそれがあらわれている。2009年、ネスレは「ドイツにおける栄養」というテーマで、食習慣を次の7通りのタイプに分類した（注12）。

ドイツ人のほぼ半分は健康意識が高い人たちだ。このグループは「❶理想主義」「❷それでも食べたい」「❸巣ごもり」の3タイプに分けられる。また、3分の1は時間に追われている人たちで、このグループは「❹すりきれそう」「❺詰め込みすぎ」の2タイプに分けられる。残りの20％は無関心な人たちで、「❻質より量」「❼口に入ればよい」の2タイプに分けられる（注13）。

## 7種類の食習慣

### ❶理想主義

理想と信念の実践に熱心な人々。自然と調和した、意識の高い、クリエイティブな暮らしが基本。クオリティ・オブ・ライフを高く保ち、健康とフィットネスを重視する。新鮮な有機野菜を生産者から直接購入し、1日に複数回料理するのがあたりまえ。

❷それでも食べたい

伝統的なライフスタイルを送っており、健康意識がとても高いが、糖尿病や高コレステロール、高血圧、循環器系などの健康問題を抱えている。食材の品質と新鮮さを重視するが、手ごろな価格かどうかも重要。日々の食生活の習慣をくずさず、料理の経験が豊富で腕がよく、家での食事が基本。

❸巣ごもり

圧倒的に女性が多い。調和のある暮らしを実践し、家族を第一に考える。周囲の環境と調和して楽しく暮らしたい。食生活は新鮮な食材とバランスのよさを重視し、料理に情熱を注ぐ。高くても品質のいい食品を購入する。

❹すりきれそう

常に時間に追われ、食事時間をろくに確保できていない。ほとんどが若者から中年までの男性で、余暇の時間を捻出するのに苦労しており、ストレス障害や不眠症、倦怠感、肥満などを抱えている。買い物は雑用と等しく、質にはこだわらない。食に関心がなく、スナックとファストフードが多い。

### ❺詰め込みすぎ

野心的で、いつも時間が足りない。自分のために時間を使いたいが、人との時間も欲しいのですりあわせに苦労している。強いストレスにさらされているため、「すりきれそう」タイプと同じ症状を示す。食事は不規則で短時間。遅い時間帯に食べることも多い。食品の鮮度にこだわり、高くても質のよいものを選ぶ。人と食卓をともにすることに価値を置くが、ゆっくり楽しむ余裕がない。

### ❻質より量

質より量、健康より利便性を優先する。若い独身男性が多く、目先の快楽を追い求める。肥満になりがちで、健康状態はあまりよくない。買い物は面倒くさいと感じている。手近なところで安く食べ物を手に入れたい。食に関しては無分別で、大食いもする。料理の経験がないというケースも多く、電子レンジ用食品と冷凍食品に頼る。

### ❼口に入ればよい

大半のことに無関心。大半が男性で、経済的な安定と体面を重視する。健康には気を配らず、バランスの取れた充実した食生活を実践しようとは思わない。買い物はできるだけ短時間ですませ、費用もかけたくない。食事は簡素で、冷凍食品や缶詰が多い。栄養さえ摂れればよいと考えているので、食を通じて社会との接点はない。

「理想主義」と「巣ごもり」以外は、食と健康に関して理想と現実のギャップが露わだ。次に挙げる価値観が叫ばれても、日々実践できるのは少数派だ。

・健康に取り組む意識
・ワークライフバランス
・食を楽しむ
・多様で印象深い体験を
・環境、動物の福祉、持続可能性への配慮
・「自然回帰」をめざす（注14）

## 品質重視の時代

食べ物の品質を重視する「質にこだわる派」は消費者の4人に1人（26％）。具体的には、味（89％）や安全性（92％）、健康によい（92％）、動物保護など持続可能性への配慮（81％）を求める人たちだ（注15）。

質にこだわる派は、女性が多く（62％）、30歳を超える人たちが大半を占める。教育水準は平均より高く、世帯収入も高い部類に入る。生産者農家が農産物を持ち寄り、直接販売するファーマーズマーケットや、毎週開かれる市場の常連だ。鮮度、自然食品、地産地消、旬、有機、原産地など、持続可能性に関する情報を重視する。質にこだわる派の67％は、健康意識が高いグループ（理想主義、それでも食べたい、巣ごもり）に属している。28％は時間に追われているグループ（すりきれそう、詰め込みすぎ）に、5％は無関心なグループ（質より量、口に入ればよい）に当てはまる。

## ライフスタイルの提案へ

食はライフスタイルを表現する重要な要素となった。キッチンも、広さや豪華さを誇るのではなく、その人らしさを示すシンボルだ。家具店やインテリアショップではキッチンまわりの商品が売上を伸ばしている。肝心の食物が脇役にまわるというケースも少なくない。バーベキューはお祭り気分とホスピタリティを、直火で焼くという行為は男らしさを象徴するといった具合だ。設備やブランドの影響力もかなり大きい。

食がライフスタイルの一要素として扱われるようになった背景には、メディアの強力な後押しがある。いまやほとんどのテレビ局に料理番組がある。雑誌ではレシピが定番記事だったが、雑誌そのものも進化している。肉好き男性のための雑誌『BEEF』やヴィーガン向けの雑誌『Vegan』などが登場し、新しいライフスタイルを提案している。ベストセラーには料理本が定期的にランクインし、料理人がスターとしてもてはやされている。

インターネットには、食べ物についてのブログが続々と登場している。グーグルで検索すると、レシピや食習慣、ライフスタイルを披露するアマチュアとプロについて約8億件の項目が表示される。

トレンドリーダーたちは、「スローフード」や「グリーンフード」など、食べ物の一歩先に足を踏み出した。新しいコンセプトは「健康は財産」だ。ステータスシンボルはモノではなくスパで得る癒やしで、治療よりも病気の予防に比重が置かれる。それだけの支出も覚悟しなければならない（注16）。

社会のトレンドは例外なく上位の少数から多数へと受け渡されていく。この新たな健康志向のトレンドが普及するのも時間の問題だろう。それにともなって、サービスの提供側やコンサルタント、食品業界も潤うに違いない。

## 社会環境と食習慣の変化

社会が変化するスピードは、この30年間で加速した。社会の構造が変わり、わたしたちの行動様式も様変わりしている。

次のような構造的な変化で、食生活も変わってきた。

・高齢化

・単身世帯、2人世帯の増加

・働く女性の割合の増加
・さまざまな社会階層が経済的に豊かになった
・均質性から多様性へ

また、行動様式も変化している。

・ライフスタイルの個別化
・習慣や余暇、消費の一部が消滅
・固定された役割の消滅
・世代間の関係の変化
・国際的な経験の広がり
・人口の移動が盛んに
・情報や余暇、消費の選択肢が激増
・時間に追われるようになった(注17)

### 3度の食事から軽食へ

行動様式が変わり、慣例が廃れていくと、食べるという行動も大きく変わる。毎日あるいは頻繁に、何の決め事もない1日を過ごすという人は、ドイツに住む人たちの35%、労働人口の41%にのぼる。最も多いのは20〜29歳で52%だ。これに当てはまる人々は、時間が来たから食べるのではなく、空腹でなくても時間があるときに食べることが多い（注18）。

特に若年層は、軽食ですませてしまうことが珍しくない。ドイツでは、30歳未満の3分の2以上が1日に3度の食事ではなく、少しずつつまんでお腹を満たしている。昼食と夕食のあいだに軽く食べる人もいる。こうした軽食派も、味と健康に気を配るようになっている。

市場調査会社ミンテルの研究「間食の動機と動向２０１５」では、軽食や間食の定義があやふやになっていると結論づけている。

アメリカの成人10人のうち7人が、軽食としてピザやラップサンドを食べている。ドーナツだけで軽くすませているわけではない。食事と食事の合間に食べるものはすべて軽食にあたる。ミレニアル世代は上の世代よりも軽食の回数が多い。アメリカのヤングアダルトの4分の1は1日3食に加えて軽食を4回取る（注19）。

情緒的な問題や強いストレスを抱えていると、間食に走りがちだ。極端な場合、冷蔵庫の前で立ったまま、あっという間に食べてしまう。食べることを楽しむのではなく、それで気持ちをなだめようとする。こわい、不安といった負の感情に襲われたときに、チョコレートをひとかけら食べて落ち着こうとする。食べた後には、うしろめたさを感じてしまう。

## ストレスと食習慣の関係

食生活が不規則になっていると打ち明ける人は、かなりの割合にのぼる。ほぼ5人に1人は、空腹ではなくても食事の合間に食べている。10人に1人は、欲求不満やストレスを解消したくて間食する（注20）。

たとえ軽いストレスであっても、リラックスした状態よりは自制心が弱まる。これはチューリッヒの研究者の研究からも明らかだ。朝からプレッシャーを感じ続けていると、身体によくない食生活になりがちだ。ある実験では、片手を3分間、氷水に浸して適度なストレスを与えられた被験者が、180種類の食べ物について健康度や味を評価した。その結果、ストレスを与えられていない人よりも、身体に悪い食べ物を高く評価する傾向が見られた。明らかにストレスが脳の機能に影響していた。真っ先に味に反応するように信号が送られ、その他の信号は弱まっているため、健康は度外視されてしまう（注21）。

## ゆっくり食べる暇がない

時間に追われるビジネスマンは日々、規則正しい食生活を送る余裕がなくなり、栄養を摂るための時間を確保するのが難しくなる。かろうじて夕食の時間は捻出できるという人がほとんどである。フルタイムで働く人の80％は、昼は外食、朝食もそうなりつつある。そこで「移動しながら食べよう」という発想が生まれる。実際、朝食がわりに、移動しながらコーヒーを飲む人が増えている（注22）。２００９年のネスレの調査では、働く人の56％は、週末には何とか思いどおりの食生活を実現できていた。

### 流れはインスタント食品へ

時間に追われれば、料理にも手をかけられない。働く人のほぼ半分は、平日はインスタント食品を活用して料理にかける時間を浮かしている。「速い」「誰でも簡単にできる」「価格も手ごろ」といった理由でインスタント食品が選ばれる。料理できない、したくないという世帯が珍しくないので、コンロやオーブン、電子レンジで温めれば食べられるものが歓迎される。特に、増える一方の単身世帯、２人世帯によく見られる（注23）。

見方を変えれば、インスタント食品によってバラエティに富んだ食生活にできるかもしれない。手の込んだ料理を、ほとんど手間をかけることなく何種類も食べられる。ひと手間かければ、わが家らしい食事を演出することもできる。

## 栄養の知識で健康に

わたしたちは新しい時代の入り口に立っている。エネルギー供給が食べることの第一目的である時代ではなくなった。食べることは、健康と長寿を自分の力で実現するための手段である。食物の生産は根本から変わるだろう。自分自身、そして子どもたちが健康で長く生きられるようにと考える人は行動と習慣を改めるだろう。

科学的な知見にもとづいた栄養の知識は、先進国でもまだまだ行き渡っていない。一方で、これまで栄養研究が発信してきた情報は広く受け入れられ、病気予防に有効とされている。しかし、公衆衛生に関する過去の推奨は誤った根拠をもとにしているものもあり、鵜呑みにするのは危険だ。

デジタルツールを活用すれば、世界中の情報に簡単にアクセスできる時代だからこそ、大量の情報のなかから正しく有益なものと、科学を装った偽物とを見分ける能力を磨こう。教育を通じて、読み、書き、計算を身につければ十分というわけではなく、デジタルとうまくつきあう能力も必要だ。

この先も科学的知見にもとづいて栄養研究が発展し、食生活と健康についての正しい知識が、そして有益な知識が提供されていくだろう。すべての人々、特に子どもと若者に。

## グルテンとラクトースをどう扱うか

数年前まで、健康的な食生活のシンボルといえば、良質な脂肪やベジタリアンの食品だった。いまでは「ラクトースフリー」「グルテンフリー」の食品だ。ラクトースとグルテンを避ける人はますます増えている。健康とウェルビーイングに悪影響を与えるという噂が広まっているからだ。グルテンフリーの食品の値段は高く、通常の食品の平均2・4倍だが、市場は急成長している。ドイツでは、グルテンフリーの製品の総売上高が6000万ユーロに迫る（注24）。もともとグルテンをいっさい含んでいないたくさんの食品にも、ドイツ・セリアック病協会が認定する「グルテンフリーシール」が貼られているありさまだ。

アメリカでは「〇〇フリー」のトレンドがさらに先を行っている。ほぼ、3つに1つの製品はグルテンフリーを名乗っている。有名女優が次々に、グルテンフリーの食生活でより健康的な生活が送れるようになり、体重が落ちたと打ち明けるので、それならばと皆が真似をする。実際は、健康な人がグルテンフリーを実践しても、科学的に裏付けのある効果は得られない。グルテンは身体にとって特に重要ではなく、かといって悪者でもない。医学的な見地からすると、グルテンを避けてもスリムにはなれないし、より健康になることもない。

ただし、グルテンが命にかかわるというケースがある。セリアック病にかかっている人はグルテンに対する不耐症のため、グルテンフリーの食生活を送らなければならない。人口の1％に起きる自己免疫疾患や、セリアック病の患者がグルテンを含んだものを消化しようとすると、免疫反応を引き起こしてしまう。遺伝的素因が大きくかかわるが、セリアック病への遺伝的素因を持つすべての人々が発症するわけではない。

グルテン過敏症も、セリアック病に非常によく似た症状があらわれる。消化不良や偏頭痛、抑うつ、倦怠感、しびれ、手足がチクチクするなどの症状がある。グルテン過敏症は、デンマークとアメリカでは1万人に1人、スウェーデンとイギリスでは300人に1人と違いがある（注25）。また、グルテン過敏症は少量のグルテンなら摂取できるが、セリアック病はいっさい摂取できない。

グルテンフリー製品と似ているのが、ラクトースフリー食品のトレンドだ。南米では人口の50%が乳糖不耐症である。一方、北米（アメリカ）では白人の15%、ヒスパニック系アメリカ人の53%、アフリカ系アメリカ人の80%が乳糖不耐症であるいう調査結果がある（注26）。

ラクトースはとても重要な栄養素だ。二糖類のラクトースがグルコースとガラクトースに分解されて、ようやくわたしたちの身体で活用できる。ラクトースは小腸で、消化酵素ラクターゼによって分解される。ラクターゼは身体のなかでつくられるが、その量が十分でないと、乳糖不耐性と呼ばれる。

乳糖不耐症の人にとってラクトースは厄介だ。ガスが溜まる、腹痛、吐き気などの症状があらわれる。セリアック病のような深刻な状態ではないが、不快さをともなう。人類の進化においては、乳糖不耐症のほうが「ふつう」だった。7500年前から人々は、ラクトースを消化することができなかった。いまでもアフリカとアジアの多くの地域でそうした事例がみられる。ヨーロッパと北米の人々が乳糖を分解できるのは、遺伝子の変異で大量のラクターゼをつくれるようになったためだ。だからミルクを飲んでも不快な思いをしなくてすむ。進化の過程で有利な特徴を獲得したおかげで、食料源の幅が少し広がったというわけだ（注27）。

## コーヒーの力

食べ物と飲み物のなかで、コーヒーほど徹底的に研究されているものはないだろう。人体にコーヒーが与える影響について、毎年、世界中で何百もの研究結果が発表されている。そして必ず新しい発見がある。コーヒーに含まれる物質はいままでに1000以上特定されており、そのなかで最も有名なのはカフェインだ。炭水化物やタンパク質、脂質、ミネラルも含まれている。

生豆の状態で80の異なる酸を含み、焙煎していれたコーヒーのフレーバーは800の異なる成分の組み合わせで決まる。コーヒーの味わいは、豆の組み合わせだけではなく、焙煎の仕方やいれ方でいかようにも変化する（注28）。

カフェインは薬理作用がある物質として最も幅広く消費されている。脳の報酬系を刺激しないので依存にはつながらない。カフェインはコーヒー以外、ダークチョコレートや茶葉にも含まれている。コーヒーをカップ1杯飲むと、その後約20分、カフェインの影響が感じられる。体内で眠気を引き起こすアデノシンの働きを抑え、しゃきっとさせる効果がある。また、脳の学習能力を改善し、注意力と記憶力をアップさせる。

カフェインのプラスの効果は、脳だけでなく身体にも発揮される。耐病性があることも研究で明らかになった。心不全または心臓発作、脳卒中を起こすリスクを抑える。がんについても同じことがいえる。多くの抗酸化剤が含まれているので、コーヒーの愛飲家は2型糖尿病やパーキンソン病、アルツハイマー病になりにくい（注29）。

コーヒーを飲むと眠れないというのは、ほとんどは思い込みだ。ただし、夜コーヒーを飲むと睡眠時間が短くなる可能性は高そうだ（注30）。

## スパイスの力

２０１５年、ネスレ リサーチセンター（ＮＲＣ）とスイス連邦工科大学ローザンヌ校（ＥＰＦＬ）の微小神経回路研究室は共同で２つの初期研究を発表した。スパイスに含まれる特定の物質には、肥満や糖尿病、てんかんに対して好ましい影響をもたらす可能性がある（注31）。この発見については、さらに研究を重ねて探っていく必要がある。スパイスのプラスの効果については世界各地の伝統医学で知られているが、科学的な検証はまだ進んでいない。

ＮＲＣはこれまで、主にシナモンとペパーミントについて調べてきた。科学者たちは、特定の薬用成分が脳において神経信号を弱め、発作を抑制する可能性についても示している。たとえばオイゲノール。これは、クローブやオールスパイス、シナモン、ローリエ、バジル、ナツメグに含まれている。そして、トウガラシに含まれるカプサイシン、ペパーミントに含まれるメントール。こうした成分をアルツハイマー病などの神経変性疾患の治療に活用できるのではないかと期待されている。シナモンに含まれる有効成分は空腹感を弱める作用もある。スパイスに備わった力についての研究は、まだ始まったばかりだ。

## 一般的な栄養基準から具体的な推奨へ

人の身体はどの栄養素をどれだけ必要とするのか。栄養素の働きについて、いまは信頼できる情報が手に入る。ネスレ・ドイツからは「ヘルシーに楽しもう。食べて飲んでウェルビーイングを高めよう」というパンフレットが（注32）、消費者団体や非営利組織、保険会社、政府機関からも豊富な情報が消費者向けに提供されている。

とはいえ、代謝については、栄養研究として提供できる情報に限りがある。代謝の過程の全容を解明するのは非常に難しい。健康的な食生活を考える際には、年齢や運動を考慮するだけでは足りない、遺伝学とエピジェネティクスの研究は、当人の遺伝的（そしてエピジェネティック）な構成が重要であることを示している。全容が解明されるまで、栄養指導は一般的な内容にとどまり、ひとりひとりのニーズに対応するところまではいかない。

女性の場合、受胎する数カ月前からの食生活が、生まれてくる子どもの生涯にわたる健康にとって非常に重要である。バラエティに富み、バランスの取れた食生活を送り、脂肪や糖分、塩分をほどよく、微量栄養素もきちんと摂る必要がある。

ビタミンとミネラルは必須だが、一部のビタミンを除いて身体ではつくれない。そのため、食べ物から摂らなければならない。微量栄養素が欠けていると代謝の機能がうまく働かず、成長全般に、あるいは骨と歯の形成や、免疫、神経、筋肉に影響する可能性がある。微量栄養素は、ホルモンと酵素、血球にかかわるほか、肌の質にも影響する（注33）。

妊娠期間中の母親の栄養が不足すると、生まれてくる子どもの発達に影響する。母親の栄養は子どものエピジェネティックなスイッチに影響するので、身体の構造と機能にまでかかわってくる。妊娠期間中に母親が太り過ぎると子どもの肥満のリスクが高まることは多くの研究で明らかだ。人間の胎児は栄養不足にも栄養過多にもとても敏感である。

母親が妊娠期間中に飢餓状態を経験すると、子どもは後々、糖尿病や肥満、循環器疾患になりやすい。さらに、その次の代にまで影響する場合がある。これは１９４４〜１９４５年のオランダの「飢餓の冬」の影響を調べた研究によって明らかになった。妊娠期間中の絶食と生まれてくる子どもがかかる病気の関係についての研究が、ＥＵの資金援助を受けた２つのプロジェクトの一環としておこなわれている（注34）。

## 人生最初の１０００日

人の一生で最も大切な時期は、受胎してからの１０００日間だろう。この時期は、免疫や代謝、脳の発達において非常に重要だ。バランスのよいマイクロバイオームにおいても同じである。

子どもの発達に関する科学的研究の成果を一言で表現すれば「母乳が最高」となる。母乳には必須栄養素が豊富に含まれており、量も適切なので、子どもにとってこれ以上のものはない。母乳で育てられた赤ん坊で学齢期に太り過ぎている子どもの割合は少ない。これは生後わずか９カ月で、後の体重の増え方が決まるということだ。

かつてアンリ・ネスレが提供したベビーフードは、母乳が飲めない赤ん坊にとって命綱となった。今日ネスレは、母乳で育てられない赤ちゃんが人生を健康的にスタートするための乳児用粉ミルクを開発し、業界を牽引している。独立した機関により長期間にわたってなされたGINI（ドイツ乳児栄養介入研究）は、ネスレが生産する乳幼児食によってミルクプロテイン・アレルギーのリスクを減らせることを明らかにした。

ネスレ ニュートリションは、母親と赤ちゃん向けに、科学的知見を基盤とした高品質な栄養製品を提供している。子ども時代の早い時期から正しい食事をさせれば、食習慣が身につく。

人々が正しい知識にもとづいて食物を選択することは、ネスレの願いである。そのために母親が学べる機会や参考にできる情報も提供している。インタラクティブな科学教育プログラム「スタート・ヘルシー、ステイ・ヘルシー」は、子どもの人生においてかけがえのない最初の1000日間に良質で適切な栄養を得ることをめざして、両親や育児に携わる人たち向けに実施している。すでに25カ国でおこなわれており、2015年末までに世界中で2000万人を超える人々が参加した。

ネスレ ニュートリション インスティテュート（NNI）は、医療の専門家を対象に、栄養に関する教育や健康問題についてのサービスとプログラムを提供するとともに、栄養情報に関するデータを提供している。今後は50カ国10言語をカバーするグローバルなサイトで提供する予定だ（注35）。

## 年齢に応じた栄養を

後の食生活のためには、子どものころから年齢に応じた栄養を与えられることが大切だ。と同時に、子どもが食べ物を通じて自ら学んでいくことも重要である。食品業界は、製品の配合や教育、情報提供といった方法で協力することができる。

たとえば、糖分や塩分、飽和脂肪を削減し、全粒穀類や繊維を使って微量栄養素を強化するなどの情報を製品の紹介欄で提供する。思春期世代までを対象としたネスレの朝食用シリアルの85％で、全粒穀物が主要な材料となっている。

ネスレではすべての商品において、消費者に必要な栄養情報と適量がパッケージに記載されている。２０１５年、ネスレは毎日の摂取量の目安を全製品の89・2％に、子ども向け製品の91・4％に記載した。１００％にならなかったのは、パッケージへの記載が法的に許可されていない国があるためだ。

摂取量の目安は、健康的な食生活を送るために是非とも必要だ。とはいえ、消費者の習慣を変えるのは容易ではない、ネスレ ポーション ガイダンスは、「1食分がわかるパッケージのデザインやメッセージを表示して過食を防止しよう」という自主的な取り組みである。２０１５年末には、全製品の63・3％、スナック製品などの76・9％に、子どもと大人向けの1食分の情報が表示された。

野菜は健康的な食生活に欠かせないが、子どもにとっては大好物というわけではない。ネスレリサーチセンターの研究によれば、親といっしょに夕食の支度を手伝った子どもたちは、手伝っていない子どもたちに比べてたくさん野菜を食べているという。健康的な食習慣を育てるためには、子どもたちを巻き込むことがいいらしい（注36）。

ネスレ ヘルシーキッズ プログラムは、世界中の学齢期の子どもたちに、健康的な飲食の習慣や健康的なライフスタイルを身につけてもらおうという取り組みだ。子どもたちは競技やワークショップに参加して身体を動かし、栄養と健康について学ぶ。2015年にはこのプログラムが84カ国で、政府や自治体、NGO、栄養と健康に取り組む組織、スポーツの協会など約285のパートナーとともに実施された。2015年末までに800万人を超える子どもたちが参加している（注37）。

2015年前半には、アリメンタリウム・アカデミーによる新たな教育企画としてネスレ・ミュージアム・アリメンテールが始動した。食と栄養の個別指導などの各種コースがオンライン・プラットフォームで子どもたちに提供される。ゲームやビデオ、さまざまなアクティビティを活用していく。先生や親は子どもたちの進捗状況をフォローしたり、いっしょにトレーニングに参加したりする（注38）。

親が率先して、適切に食べることを学ぶのも大事だ。マギーの料理教室のプログラムは32カ国でおこなわれており、全粒穀類と野菜を使う料理に力を入れている。ティーンエイジャーとヤングアダルトの食生活については、これからの領域である。

## 食習慣の形成

食習慣は、子ども時代の早い時期に形成される。生後数週間、数カ月で学んだことは、脳にしっかりと固定される（そして、なかなか消えない）。後々まで味の好みの基盤となるものは、舌だけでなく、口腔や喉、鼻腔からの複雑な情報をもとにして決まる。また、腸内細菌や遺伝的な素因も大きくかかわっていることがわかった。

嗅覚、視覚、触覚（食感）、聴覚という4つの感覚に比べて、味覚は脳が果たす役割が非常に大きい。脳にメッセージが送られ、そこで解析され解釈されるのは同じだが、人間には脳で味わうシステムが備わっている（注39）。食べ物や飲み物の味、においなど、それぞれの感覚ごとに、脳の異なる領域が反応する。ネスレ リサーチセンターの科学者は脳波（ＥＥＧ）を使って、何かを食べたときに脳のどこで、いつ反応するのかを調べた。

わたしたちの知覚は、食べ物の見た目にも反応している。つまり、目で味わっている。ネスレ リサーチセンターの研究によれば、ボランティアの被験者たちは、高カロリーの食べ物を見てから食べるとおいしく感じ、低カロリーの食べ物を見た後に食べるとおいしくないと感じた。カロリーの高そうな食べ物は、見るだけでわたしたちの期待を高めるのだ（注40）。

いま30歳以上の人々が乳幼児期だったころには、必要な栄養を満たして子どもがよろこんでいれば、それでよしとされた。成長後に、糖分や塩分、脂肪たっぷりのものが好きになりそうな食生活だ。

しかし、味覚は、子ども時代も大人になってからも進化する。地域によって手に入る食料が変わったり、世帯の所得や社会的地位が変わったりすれば、それに応じて進化する。グローバル化も人々の味覚を変えた。日本の和食文化は欧米諸国に広まり、しっかりと根づいた。そこで暮らす日本人が増えたからではない。ヨーロッパの多くの場所では、暮らし向きがよくなると和食の味覚を獲得する。それがしだいに庶民にも「伝わった」のである。かつて日本食レストランは街の中心部に数軒だけだったが、いまやどこに行ってもディスカウントストアで日本食が買える。アメリカでは、カリフォルニアから和食が広がった。

世代ごとに味覚の発達には特徴があり、それが健康とクオリティ・オブ・ライフの基盤となるが、食生活を変えて元気になるチャンス、病気を予防したり症状をやわらげたりするチャンスは誰にでも何歳になってもある。健康的でない食習慣は続けてはならない。が、いざ変えるとなると、そう簡単ではない。

## どうすれば食習慣を変えられるか

いったん身についた行動パターンを変えるのは難しい。特に食習慣はなかなか変わらないものだ。理屈で納得しても、たいていはうまくいかない。何かを決める際、無意識のうちに経験則に頼り、手っ取り早く自分のニーズを満たそうとしてしまうからだ。

それに認知の歪み（知覚的バイアス）も加わり、いままでどおりにしようとする。人は、これまでどおりの行動を肯定する情報を好む。未来よりもいまこのときを、複雑なものよりシンプルな内容を好むのだ。これでは新しい科学的知見も役に立たない。大人を変えるには、あるいは大人が変わるにはどうすればよいのか。

行動経済学者が勧めるのは、望ましい方向に向けて、ちょっとした「きっかけ」を与える方法だ（注41）。要請したり禁止したりせず、きっかけをつくって進みやすくする。その結果、無理なく健康的な選択をすれば成功だ。いちばんよいのは「便利」にすることだ。

たとえばカフェテリアで、デザートのコーナーよりも目立つサラダバーをつくる。スーパーマーケットのショッピングカートに品目ごとの仕切りを設け、健康的な食品が入るスペースを大きくする。あるいは、店内の配置を工夫するだけで、消費者の習慣と行動を変えられるだろう。さらに効果的なのは、なじんだ味や料理法、見た目で、従来のものよりも健康的な製品を提供するといった方法だ。これは食品業界にとって大きな挑戦だ。

# 第8章 未来に向けて何ができるか

Milestones on the way to the future

健康で長生きすることは皆の願いだ。そのためには食生活がとても重要となる。低所得層には、微量栄養素を加味した健康的な食べ物ときれいな水が必要だ。暮らし向きに応じて、それぞれ異なるニーズがある。また、生命科学の発展や食品業界の戦略的な再編は、健康長寿の実現に向けた新しい可能性を次々に切り開いている。忘れてはならないのが、過去の成功がもたらした負の影響をどう解決するかという問題だ。食料の過剰供給も、そのひとつである。さまざまな刺激に踊らされて人々が飽食に走り、1990年代には、糖尿病や肥満、循環器疾患などのメタボリックシンドロームとして問題化した。

特性に応じた食生活を支援するために工業生産された食品は、自然を謳うシンプルな食品よりも、はるかに健康上のメリットが大きい。さまざまな科学的手法で得た豊富な知見が盛り込まれ、フレーバーや味の開発、複雑な製造工程に膨大な経費が投入されている。カロリー当たりの価値はますます大きなものになっていくだろう。

世界の人口は今後もさらに増える。そのニーズを満たしていくには、天然資源、とりわけ水と耕地の使い方についてさらなる工夫が必要だ。自然の搾取に歯止めをかけ、インセンティブを設けることによって水の消費量や森林伐採を減らし、環境汚染を防ぐ必要がある。決して不可能ではない。小規模農業者が資源の消費量を増やさずに農作物の収穫量と家畜を増やせば、何百万人もの命が救える。

食生活の改善はすんなりとはいかないだろう。特に難しいのが人の意志にかかわる部分だ。これが大きな障害となる。科学的知見にもとづいた食品を世界中で工業生産すればうまくいくというものではない。食生活は、文化や宗教、社会と密接にかかわり合っている。周囲の自然環境や、ひとりひとり異なる遺伝的特徴も重要な要素だ。

栄養に関して、特に先進国ではさまざまな先入観が見られる。イデオロギー的なものもあれば、相反する実験結果がもたらした弊害といった場合もある。たとえば、生のまま食べるのは身体によくないという情報は、後にその大半が修正されている。

信じる力は強い。知覚や代謝のプロセスにまで影響する。だからこそ、幅広い科学の研究にもとづいた新しいエビデンスの提供がとても重要だ。包括的なアプローチで人々の思考の変化を促し、健康長寿に的を絞った品質を実現する。それが未来につながっている。わたしたちはようやく歩き出したばかりだ。天然資源の保護と、ひとりひとりに適した食生活の実現は、業界と社会が新しい取り組みを推進していけるかどうかにかかっている。

## いま可能なこと、実現できること

分子レベルでの栄養研究はすでに始まっている。膨大なデータから何をどう読み取るのか、それをどう一般化していくのかが焦点となるだろう。生命科学が明らかにした「最適な栄養」は、実に多様である（注1）。

ニュートリゲノミクスとニュートリジェネティクスは、各々に最適な栄養の科学的な基盤を提供するだろう。DNAシーケンシングやDNAメチル化解析技術が普及し、自分の遺伝コードから価値ある情報を得ることは可能だ。しかし、その宝の価値を役立てるには、まだ長い時間がかかるだろう。

### 新顔の食べ物

これからの数十年間で食料生産は革命的に変わるが、植物性食品として藻類が、タンパク源として昆虫あるいは培養肉が主役になることはないだろう。資源保護の目的で原材料を置き換えようとするなら別だが、これから起きる変化は、健康長寿を目的として食品にまったく新しい特性を与えようというものだ。アルツハイマー病や、うつ病、糖尿病、循環器疾患、肥満などの主要な病気がターゲットとなる（注2）。

そこに「スーパーフード」が加わることはないだろう。たとえば、マヤ文明とアステカ文明で食糧とされていたチアシード（訳注：メキシコなどの中南米で栽培されている植物、チアの食用種子）などだ。こうしたスーパーフードはつかの間、注目を集め、それなりに儲けを出す。購入して試してみれば、何らかのプラシーボ効果はあるかもしれないが、やがて次の目新しいものが登場して、忘れられていく（注3）。

アメリカの多くのスタートアップが、植物をベースとした「アートフード」を開発して環境保護にも貢献しようとしている。このムーブメントの最前線にいるのは、ビヨンド・ミート、ハンプトン・クリークなどだ。ビヨンド・ミートはピープロテインを使ったアートフード、ハンプトン・クリークは野菜を使ったマヨネーズとクッキーをつくる。両社とも影響力のある投資家の支援を得ている（注4）。

コンピューター業界で働いていたエンジニアのロバート・ラインハートは、ソイレントというアートフードを開発した。英語の「ソイ（大豆）」と「レンティル（レンズ豆）」を合わせた造語だ。買い物や料理、レストランで使う時間と費用をこれで節約しようと考えた。ソイレントは1食4ドルの流動食で、身体に必要なものはすべて入っている。仕事をしながらでも、どこででも栄養が摂れるというわけだ。「これでもう食べ物のことにわずらわされず、真に重要なことに集中できる」とラインハートは考えた（注5）。

ソイレントは、茶色がかった粉を水で溶いて食べる。どろっとした食感で、味はあまりない。こういうのを待っていたという消費者はどれくらいいるだろうか。

## 身近になる遺伝子検査

これからは、自分のゲノムの解読を依頼して健康リスクを知り、それを防ぐ手立てを取ろうとする人が増えていくだろう。ゲノム・シーケンシングの価格はすでに約1000ドル、数年のうちにさらに価格は下がって10ドルくらいになるかもしれない（注6）。

しかし、その結果がどれだけの意味を持つのかは、何ともいえない。重要なのは、個人のゲノムを解読することだけではない。それよりもずっと複雑な腸内フローラのゲノム解読も重要であり、そのための適切なデジタル機器も必要となるだろう。すべてが出そろって、ようやく健康についての推奨の検討が始まる。

ヘルスウォッチなどの小型のウェアラブル端末や携帯型の血圧計、耳式体温計など、インターネットに接続可能な機器を使って、血圧や脈、血糖値、体温、休息、エクササイズ、睡眠相などのデータを集め、ブルートゥース経由でスマートフォンのアプリに送り、そのデータをもとにした栄養と運動の提案が送られてくるというしくみも実現できるだろう（注7）。

これによって、多くの人のライフスタイルがめざましく変わるかもしれない。特に40歳を超えれば、フィットネス・リストバンドへの関心が強くなるのではないだろうか。心臓や血圧の状態を把握し、穿刺で血糖値を調べるようになるだろう。一般医にとっても、現在よりはるかに多様な情報を得るチャンスとなる。

## ビッグデータが新しい可能性を開く

自分の身体について知り、何を食べればよいのかを知る。これで、ますます自分の人生の手綱を握れるようになる。ウェアラブル端末などのライフログ機器を使って起床から睡眠まで1日をまるごと記録し、過去のデータとも簡単に比べることができる。そして、データをもとに推奨される栄養を摂取する（注8）。

ＩｏＴ（モノのインターネット）によって、さまざまなデバイス同士のデータ交換がますます進む。企業にとってもこれはチャンスだ。個別化した食品やシステムを新たに開発することができる。ポータブルセンサーを通じて1日の消費カロリーのデータを収集して、次の食事のプランを作成する。デジタルを活用した画期的なプランが続々と登場するだろう。

ネスレの「アイアンマン」プロジェクトは、食生活に革命的な変化を起こそうという企画だ。ネスプレッソのカプセルに似た容器で、それぞれの人が必要とする栄養素のカクテルをつくったり、デジタルデータが推奨する健康的な食べ物を3Dプリンターでつくったりするといった内容だ。まるでSFのようだが、10年以内に商品化されるかもしれない。調理器具の機能や買い物推奨リストの個別化、レストランや学校や職場で食べるときにはひとりひとりに適したものになっているなど、空想が空想でなくなる日も近そうだ。

# 謝辞

本書では、新たな知見と洞察の開発や応用、そして経済と社会への導入について述べた。この数十年、わたしなりに舵を取ってきたが、どんな場合でも、何をおいても、社会の利益を最優先に考え、変化を実現させてきた。

ネスレ社内の科学と政策のプロフェッショナルたち、政府と非政府組織の皆様、お客様、サプライヤーの皆様との対話を重ねるなかで新しいアイデアが生まれ、かたちとなり、具体的なソリューションとして提供することができた。

ともに語り合い、議論し、提案や期待、批判を率直に伝えてくださった方々に心から御礼申し上げる。アイデアを聞かせてもらい、アイデアを聞いてもらい、比較し、発展させ、めざすべき未来のイメージへとつながった。本書をきっかけとして、可能な限り多くの人々の対話が実現するよう、心から願っている。

(注 31) E PFL, http://actu.epfl.ch/news/nestle-research-center-and-epfl-uncover-the-medi-2/
(注 32) Nestlé Deutschland AG, Gesund genießen
(注 33) 同上。
(注 34) http://www.nestle.de/themenwelten/dossier/die-ersten-1000-tage
(注 35) Nestlé Lagebericht 2015
(注 36) http://www.nestle.de/themenwelten/news-storys/kochen-mit-kindern
(注 37) Nestlé in der Gesellschaft. Gemeinsame Wertschöpfung und unseresozialen Verpflichtungen 2015
(注 38) http://www.alimentarium.ch/de/academy
(注 39) Shepherd http://www.ncbi.nlm.nih.gov/pmc/articles/PMC406401/40
(注 40) http://www.ealimentarium.ch/de/magazine/eine-welt-fuenf-sinne Essen mit Sinn und Verstand
(注 41) Thaler を参照。

## 第8章

(注1) Kussmann/Van Bladeren 2011
(注2) http://www.nestle.de/themenwelten/einblicke/entstehung-der-zukunftsstudie und http://www.nestle.de/zukunftsstudie
(注3) http://www.stern.de/wirtschaft/superfoods—acai-beeren—chia-samen-und-goji-beeren-sind-gar-nicht-so-super-6424094.html
(注4) Der Spiegel Nr. 36/29.8.2015
(注5) 同上。
(注6) Frankfurter Allgemeine Zeitung, 7. June 2011
(注7) Frankfurter Allgemeine Zeitung, 27. January 2015
(注8) Guriin/Smeaton

（注８）http://www.nestle.de/themenwelten/news-storys/lebensmittel-solar-impulse

## 第７章

（注１）Alcock 他 : Bioessays 36: 940–949, www.bioessays.de
（注２）同上。
（注３）同上。
（注４）同上。
（注５）同上。
（注６）同上。
（注７）Thomas Beck との会話より。
（注８）Nestlé Deutschland AG, Studie 2012
（注９）www.heart.org und Teicholz
（注 10）Belasco を参照。
（注 11）Nestlé Deutschland AG, Studie 2009
（注 12）同上。
（注 13）Nestlé Deutschland AG, Studie 2012
（注 14）Nestlé Deutschland AG, Studie 2009
（注 15）Nestlé Deutschland AG, Studie 2012
（注 16）Bain Company, Pressemitteilung, 30. January 2014
（注 17）Nestlé Deutschland AG, Studie 2009
（注 18）Nestlé Deutschland AG, Studie 2011
（注 19）Mintel http://mintel.com
（注 20）Nestlé Deutschland AG, Studie 2009
（注 21）http://www.welt.de/gesundheit/psychologie/article144879242/Schon-leichter-Stress-mindert-die-Selbstkontrolle.html
（注 22）http://www.nestle.de/themenwelten/einblicke/out-of-home
（注 23）Nestlé Deutschland AG, Studie 2009
（注 24）www/nestle.de/themenwelten/dossier/gluten-und-zoeliakie
（注 25）R. Keller: Klinische Symptomatik "Zöliakie, ein Eisberg". In: Monatsschrift Kinderheilkunde. Heidelberg 151.2003, pp. 706–714
（注 26）http://www.nahrungsmittel-intoleranz.com/laktoseintoleranz-informationen-symptome/ethnische-betrachtung-laktoseintoleranz.html
（注 27）3sat.online: Laktoseintoleranz ist der Ur-Zustand, broadcast on 9.10.2014 "Der Feind in meinem Bauch"
（注 28）Gehirn und Geist Nr. 4/2014, p. 76ff
（注 29）Stephan Palzer との会話より。
（注 30）Gehirn und Geist 4/2014

(注 17) http://www.diaetologen.at/fileadmin/user_upload/documents/Kongress/Abstracts_Ernaehrungskongress/Holzer.pdf
(注 18) Focus Nr. 30/2013, Wo die Gesundheit sitzt, p. 79 ff.
(注 19) Der Spiegel Wissen 4/2013, Bauchsache pp. 108 ff
(注 20) Antony Fodor, zitiert in www.spiegel.de vom 14.08.2012
(注 21) Charisius/Friebe, 2014
(注 22) 同上。
(注 23) Kussmann & Van Bladeren 2011
(注 24) 同上 , p.112
(注 25) Nestlé Nutrition Institute https://www.nestlenutrition-institute.org/country/in/News/Pages/the-pattern-of-infants-gut-bacteria-biomarkers-offuture-food-allergy.aspx)
(注 26) Agency for Science, Technology and Research http://www.a-star.edu.sg/Media/News/Press-Releases/ID/3816/Infant-gut-microbiota-linked-with-gestation-duration-delivery-method-and-healthy-weight-gain.aspx
(注 27) NIHS News from the Institute NIHS 3.5.2015 https://www.nestleinstitutehealthsciences.com/news/newsinstitute/nestl%C3%A9%20institute%20of%20health%20sciences%20steps%20up%20a%20gear%20in%20the%20fight%20against%20muscle%20loss%20in%20old%20age
(注 28) https://www.nestlehealthscience.com/newsroom/press-releases/the-role-of-nutrition-in-dementia-prevention-and-management
(注 29) Verbraucherzentrale Bundesverband e.V. (vzbv)(Hrsg.): Essen im Alter, 2004.
(注 30) https://www.nestleinstitutehealthsciences.com/news/newsinstitute/press-release-three

## 第5章

(注1) Stefan Catsicas, Executive Vice President Nestlé S.A.,Chief Technology Officer, Head of Innovation, Technology, Research and Development との会話より。
(注2) http://www.euromonitor.com/passport
(注3) Frankfurter Allgemeine Zeitung, 25. October 2014, Die Welt ist dem Silicon Valley nicht genug
(注4) https://www.futuremanagementgroup.com/…/Transhumanismus?
(注5) https://www.nestlehealthscience.de/Ern%C3%A4hrungsthemen/HCP/Kau-und-Schluckst%C3%B6rung
(注6) http://www.nestle.de/themenwelten/news-storys/ernaehrung-der-zukunft-stoffwechsel
(注7) GEO kompakt Nr. 42, 2015, p.30

（注 35）Nestlé Jahresbericht 2014
（注 36）http://www.spektrum.de/lexikon/geographie/agrobusiness/191
（注 37）Nestlé, Wandel als Herausforderung, p. 58ff
（注 38）Metro-Handelslexikon
（注 39）Nestlé, Wandel als Herausforderung, p. 74
（注 40）同上。
（注 41）European Commission, Food Safety
（注 42）http://www.who.int/mediacentre/factsheets/fs330/en/
（注 43）World Health Organization http://www.who.int/bulletin/volumes/93/4/15-154831/en/
（注 44）European Food Information Council (EUFI C) und WHO Codex Alimentarus Commission http://www.who.int/mediacentre/events/meetings/2015/codex-alimentarius-commission/en/ und http://www.who.int/mediacentre/factsheets/fs399/en/
（注 45）PWC Deutschland

## 第4章

（注１）http://www.planet-wissen.de/natur/forschung/epigenetik/pwwbepigenetik100.html
（注２）Emmanuel E. Baetge, Direktor des Nestlé Institute of Health Sciencesとの会話より。
（注３）Kussmann/Dean 他 http://www.research.nestle.com/resources/downloads/Documents/Nestle%C3%A9%20White%20paper%20Nutrigenomics%20FI NAL.pdf
（注４）Kussmann & Van Bladeren 2011
（注５）Kussmann & Fay 2008
（注６）Kussmann, Krause et al. http://onlinelibrary.wiley.com/doi/10.1111/j.1753-4887.2010.00326.x/abstract
（注７）http://www.research.nestle.com/newscenter/news/nestl%C3%A9researchcenterannouncescollaborationwithepigen,aleadingconsortiumforepigeneticsresearch
（注８）http://www.nestle.com/media/newsandfeatures/nestle-research-epigenetics
（注９）http://earlybirddiabetes.org./findings.php
（注 10）Kussmann/Dean 他：http://www.research.nestle.com/resources/downloads/Documents/Nestle%C3%A9%20White%20paper%20Nutrigenomics %20FI NAL.pdf
（注 11）Nestlé, Unlocking the metabolic 'master switch' http://www.nestle.com/media/newsandfeatures/ampk-metabolic-master-switch
（注 12）http://www.vfa-bio.de/vb-de/aktuelle-themen/forschung/mikrobiom.html
（注 13）Charisius/Friebe, 2014
（注 14）Kahlert/Müller, 2014
（注 15）Kussmann/Van Bladeren, 2011
（注 16）同上。

（注5）Nestlé in der Gesellschaft. Gemeinsame Wertschöpfung und umsere sozialen Verpflichtungen 2015
（注6）Fraunhofer-Institut
（注7）同上。
（注8）同上。
（注9）同上。
（注10）FoodDrinkEurope
（注11）USDA Research Investments
（注12）https://www.landwirtschaft-bw.info/pb/MLR.Ernaehrung,Lde/Startseite/Empfehlungen/Kohlenhydrate_+Fett+und+Eiweiss+_+Hauptnaehrstoffe+im+Ueberblick/?LISTPAGE=1063164
（注13）Nestlé: Nestlé Policy on Micronutrient Fortification of Foods & Beverages
（注14）Nestlé in der Gesellschaft. Gemeinsame Wertschöpfung und unsere sozialen Verpflichtungen 2015
（注15）Nestlé: Nutrition landscaping for effective fortification http://www.nestle.com/Media/NewsAndFeatures/
（注16）Biesalski, Taschenatlas Ernährung より引用。
（注17）Leitzmann, Ernährung in Prävention
（注18）同上。
（注19）http://www.fh-erfurt.de/lgf/fileadmin/GB/Dokumente/Forschung/Bioaktive_Substanzen_im_Gemuese.pdf
（注20）同上。
（注21）Nestlé in der Gesellschaft. Gemeinsame Wertschöpfung und unsere sozialen Verpflichtungen 2015
（注22）Stephan Palzer, Vice President Global Research & Development Manager Beverage Strategic Business Unit との会話より。
（注23）Thomas Beck, Director of Nestlé Research Center との会話より。
（注24）Stephan Palzer との会話より。
（注25）FoodDrinkEurope
（注26）同上。
（注27）同上。
（注28）United States Department of Agriculture Economic Research Service を参照。
（注29）同上。
（注30）同上。
（注31）Confederation of the food and drink industries of the EU CIAA を参照。
（注32）FoodDrinkEurope
（注33）同上。
（注34）同上。

（注 40）König, p. 143
（注 41）http://www.the-linde-group.com/internet.global.thelindegroup.global/de/images/chronik_d%5B1%5D16_9855.pdf
（注 42）Technpseum
（注 43）http://www.biography.com/people/clarence-birdseye-9213147
（注 44）König, p. 145
（注 45）König, p. 138
（注 46）König, p. 172
（注 47）Briesen, p. 60
（注 48）König, p. 174
（注 49）Spiekermann, p. 362
（注 50）http://de.mintel.com/pressestelle/china-ueberholt-usa-als-weltweitgroesster-eiscreme-markt
（注 51）http://euroglaces.eu/en/Facts-figures/General Overview/
（注 52）Pendergrast, Mark: Für Gott und Coca-Cola. Die unautorisierte Geschichte der Coca-Cola Company. München 1993
（注 53）Heimann, Jim: Car Hops and Curb service. A History of American Drive-In Restaurants 1920–1960. Chronicle Books/Edition Stemmle, Kilchberg 1996.
（注 54）König, p. 178
（注 55）https://www.aid.de/verbraucher/convenience.php
（注 56）Technoseum, p. 257
（注 57）Fenner Thomas: Flagschiff Nescafé – Nestlés Aufstieg zum größten Lebensmittelkonzern der Welt, Baden 2015
（注 58）http://www.kelloggs.de/de_DE/who-we-are-landing/our-history.html
（注 59）Briesen, p. 63
（注 60）Porter, Michael u.a.: Nestlé`s Creating Shared Value Strategy, Harvard Business School N9–716–4229
（注 61）Nestlé hundertfünfundzwanzig Jahre und Nestlé (Hrsg.): Pfiffner, Albert/Renk, Hans-Jörg: Wandel als Herausforderung. Nestlé 1990–2005, Cham und Vevey 2007
（注 62）Nestlé: Nestlé in society—Creating Shared Value and meeting our commitments, 2014

## 第3章

（注１）Briesen を参照。
（注２）UN World Population Prospects 2015
（注３）http://esa.un.org/unpd/wup/highlights/wup2014-highlights.pdf
（注４）Lang/Heasman, p. 18ff

（注 8） http://www.zeit.de/2012/17/Riesenreich-China/seite-4
（注 9） Briesen, p. 37
（注 10） United Nations（UN）, 1973, The Determinants and Consequences of Population Trends, p.10.
（注 11） Briesen, p. 37
（注 12） Briesen, p. 38
（注 13） Briesen, pp. 58ff
（注 14） Technoseum Landesmuseum für Technik und Arbeit in Mannheim（Hrsg）: Unser täglich Brot … Die Industrialisierung der Ernährung,: Katalog zur Ausstellung vom 28.10.2011—29.4.2012, Mannheim, 2011.
（注 15） Briesen, p. 58
（注 16） Nestlé AG（Hrsg.）: Heer, Jean: Nestlé hundertfünfundzwanzig Jahre von 1866 bis 1991, Vevey 1991
（注 17） Technoseum を参照。
（注 18） 同上。
（注 19） 同上。
（注 20） Briesen, p. 59
（注 21） http://www.nestle-marktplatz.de/view/Marken/Libbys
（注 22） http://www.campbellsoupcompany.com/about-campbell/
（注 23） http://www.heinzketchup.de/UeberHeinz/OurHistory
（注 24） http://www.weck.de/index.php/ueber-uns
（注 25） Briesen, p. 62
（注 26） Briesen, p. 47
（注 27） Briesen, p. 65
（注 28） IDF Faktenblatt des Internationalen Milchwirtschaftsverbandes（IDF）Februar 2013
（注 29） http://www.famoustexans.com/GailBorden.htm
（注 30） Notizen von Brian Suter, Generaldirektor Forschung und Entwicklung Nestlé AG 1987–1997, and Nestlé hundertfünfundzwanzig Jahre
（注 31） http://www.britannica.com/biography/Hippolyte-Mege-Mouries
（注 32） http://www.unilever.de/ueberuns/unseregeschichte/
（注 33） Technoseum を参照。
（注 34） Briesen, p. 63
（注 35） König, p. 158
（注 36） König, p. 137 and p. 158
（注 37） Technoseum を参照。
（注 38） http://cailler.ch/de/alles-uber-cailler/geschichte/19-jahrhundert/
（注 39） http://cailler.ch/de/alles-uber-cailler/geschichte/20-jahrhundert/

(注 18) stern.de, 10.10.2010
(注 19) WHO Global status report of noncommunicable diseases 2014
(注 20) pharmazeutische-zeitung.de Ausgabe 18, 2011
(注 21) Zeit Magazin 11/2013
(注 22) Briesen, Detlef: Das gesunde Leben. Ernährung und Gesundheit seit dem 18. Jahrhundert. Frankfurt/New York 2010, S. 233ff
(注 23) Tomorrow Focus Media, http://www.forward-adgroup.de/fileadmin/customer_files/public_files/downloads/studien/TFM_SocialTrends_Gesundheit.pdf?PHPSESSID=295e1c582953f740d0d9fc8d12bda56c
(注 24) healthon.de
(注 25) Nestlé Zukunftsforum/tns infratest: NZF -Factbook II , Consumer Confusion
(注 26) UN/ESA http://esa.un.org/unup
(注 27) Leitzmann, Claus/Cannon, Geoffrey: Die Gießener Erklärung zum Projekt "Die neue Ernährungswissenschaft", in: Ernährungs-Umschau 53(2006) Heft 2
(注 28) 同上。
(注 29) Briesen を参照。
(注 30) 同上。
(注 31) Bundesministerium für Bildung und Forschung: Stoffwechselforschung. Wie Ernährung und Gene auf die Gesundheit wirken. Bonn, Berlin 2008
(注 32) 同上。
(注 33) Constantin, Nathalie/Wahli, Walter: Die Nutrigenomik oder der Köningsweg zu einer präventiven Ernährung, in SVDE (Schweizerischer Verband diplomierter Ernährungsberater/innen) ASDD Info 6/2013
(注 34) Ahmed, Farooq, Tales of adversity, in: Nature, Vol. 468, 23/30 December 2010
(注 35) EpiGen Global Research Consortium, Press Release 4th February 2015 http://www.epigengrc.com/news

## 第2章

(注1) Teuteberg, Hans J./Wiegelmann, Günter: Nahrungsgewohnheiten in der Industrialisierung des 19. Jahrhunderts, Berlin 2005
(注2) 同上。
(注3) 同上。
(注4) Briesen, p. 15
(注5) http://www.vulkane.net/vulkanismus/katastrophen/tambora.html
(注6) http://www.welt.de/kultur/history/article106227344/Es-war-ein-Pilzder-eine-Million-Iren-toetete.html
(注7) http://suite101.de/article/steckruebenwinter-im-ersten-weltkrieg-a62563

# 注

## 序章

（注１）http://ourworldindata.org/data/population-growth-vital-statistics/life-expectancy/ and http://www.geoba.se/population.php?pc=world&type=15
（注２）Maddison, Angus: The World Economy—A Millenial Perspective, Paris 2001
（注３）http://www.who.int/gho/mortality_burden_disease/life_tables/situation_trends/en/
（注４）Nestlé CT-ENT Charts Economics and Context ob/tv #4

## 第Ⅰ章

（注１）Naisbitt, John: Megatrends. 10 Perspektiven, die unser Leben verändern werden, Munich 1985
（注２）http://de.statista.com/statistik/daten/studie/2995/umfrage/entwicklung-der-weltweiten-mobilfunkteilnehmer-seit-1993
（注３）United Nations Department of Economic and Social Affairs Popular Division: World Population Prospects. The 2015 Revision. Key findings and Advance Tables, New York 2015
（注４）Transgenerational Design Matters, The Demographics of Aging, http://transgenerational.org/aging/demographics.html
（注５）http://www.un.org/depts/german/milleniumMDG%20Report%202013_german.pdf
（注６）同上。
（注７）同上。
（注８）http://www.census.gov/population/projections/data/national/2012/summarytables.html
（注９）Zukunftsinstitut, https://www.zukunftsinstitut.de
（注 10）同上。
（注 11）同上。
（注 12）同上。
（注 13）World Health Summit, http://www.worldhealthsummit.org/World Health Summit
（注 14）U.S. Department of Health & Human Services, http://www.cdc.gov/chronicdisease/
（注 15）International Diabetes Federation（IDF）: IDF Diabetes Atlas 2014
（注 16）UN World Population Prospects
（注 17）http://www.spiegel.de/gesundheit/diagnose/demenz-zahl-der-erkrankten-steigt-in-zukunft-rasant-a-937318.html

the-economy.aspx
U.S. Department of Health & Human Services http://www.cdc.gov/chronicdisease/
Verband forschender Arzneimittelhersteller: http://www.vfa-bio.de/vb-de/aktuellethemen/forschung/mikrobiom.html
http://www.vulkane.net/vulkanismus/katastrophen/tambora.html
http://www.weck.de/index.php/ueber-uns
WEF. (2015): New Vision for Agriculture, A global initiative of the World Economic Forum. Consulté le January 9, 2015, sur World Economic Forum: http://www3.weforum.org /docs/WEF_CO_NVA_Overview.pdf
http://www.welt.de/gesundheit/psychologie/article144879242/Schon-leichter-Stress-mindert-die-Selbstkontrolle.html
http://www.welt.de/13707602
http://www.welt.de/kultur/history/article106227344/Es-war-ein-Pilz-der-eine-Million-Iren-toetete.html
WHO: Bulletin of the World Health Organization http://www.who.int/bulletin/volumes/93/4/15- 154831/en/, Keiji Fukuda, Food safety in a globalized world
WHO Codex Alimentarus Commission, http://www.who.int/mediacentre/events/meetings/2015/codex-alimentarius-commission/en/
WHO Media centre: Food safety. Fact sheet 399, November 2014 http://www.who.int/mediacentre/factsheets/fs399/en/
http://www.who.int/gho/mortality_burden_disease/life_tables/situation_trends/en/
World Health Summit http://www.worldhealthsummit.org/
http://www.zeit.de/2012/17/Riesenreich-China/seite-4
Zukunftsinstitut https://www.zukunftsinstitut.de
Nestlé CT-ENT Charts Economics and Context ob/tv #4
Nestlé CT-ENT Charts Economics and Context ob/tv #14

Neuroscience News. Do Gut Bacteria Rule Our Minds?
Neurociencenews.com
pharmazeutische-zeitung.de Ausgabe 18 aus 2011
http://www.planet-wissen.de/natur/forschung/epigenetik/pwwbepigenetik100.html
Purina: https://www.purinavets.eu/home/feline/innovations/ageing.htm
Pwc Deutschland: http://www.pwc.de/de/handel-und-konsumguter/usa-verschaerfen-regulierung-zur-lebensmittelsicherheit.html
Shapiro, H. (2015, January 13). Science AMA Series. Consulté le January 21, 21, sur The New Reddit Journal of Science: https://www.reddit.com/r/science/comments/2s9vhk/science_ama_series_im_howardyana_shapiro_chief
Shepherd, Gordon M.: The Human Sense of Smell: Are we better Than We Think? http://www.ncbi.nlm.nih.gov/pmc/articles/PMC406401/
Simpson, Stephen J./ Raubenheimer, David: The Nature of Nutrition (press.princeton. edu) http://press.princeton.edu/titles/9776.html
Smith, D. P. (2014). Nestlé Reformulates Products to Improve Nutrition. Consulté le February 10, 2015, sur Shared Value Initiative: http://sharedvalue.org/groups nestl%C3%A9-reformulates-products-improve-nutrition
http://www.spektrum.de/lexikon/geographie/ agrobusiness/191
http://www.spiegel.de/gesundheit/diagnose/demenz-zahl-der-erkrankten-steigt-in-zukunft-rasant-a-937318.html
http://www.spiegel.de/gesundheit/ernaehrung/nutrigenomik-und-individuelle-ernaehrung-essen-was-den-genen-schmeckt-a-936842.html
http://de.statista.com/statistik/daten/studie/2995/umfrage/entwicklung-der-weltweiten-mobilfunkteilnehmer-seit-1993stern.de vom 10.10.2010
http://www.stern.de/wirtschaft/superfoods-acai-beeren-chia-samen-und-goji-beeren-sind-gar-nicht-so-super-6424094.html
http://suite101.de/article/steckruebenwinter-im-ersten-weltkrieg-a62563
http://time.com/3706693/its-time-to-embrace-lifestyle-medicine/
Tomorrow Focus Media, http://www.forward-adgroup.de/fileadmin/customer_files/public_files/downloads/studien/TFM_SocialTrends_Gesundheit.pdf?PHPSES
SID=295e1c582953f740d0d9fc8d12bda56c
Transgenerational Design Matters, The Demographics of Aging, http://transgenerational.org/demographics.html
http://www.un.org/depts/german/millennium/MDG%20Report%202013_german.pdf
UN/ESA: http://esa.un.org/unup
http://esa.un.org/unpd/wup/highlights/wup2014-highlights.pdf
United States Department of Agriculture Economic Research Service http://ers.usda.gov/data-products/ag-and-food-statistics-charting-the-essentials/ag-and-foodsectors-and-

http://www.research.nestle.com/newscenter/news/correct-nutrition-has-cognition-enhancing-benefits-for-older-cats, Cognition-enhancing benefits for oldercats
http://www.nestle.com/media/newsandfeatures/nestle-purina-petcare-thermal-imaging-research, Can people make their pets happy?
Nestlé: Unlocking the metabolic ›master switch‹ to potentially echo exercise effect, Press Release Nov 19, 2014 http://www.nestle.com/media/ newsandfeatures/ampk-metabolic-master-switch
Nestlé: The Nestlé Healthy Kids Global Programme
http://www.nestle.com/nutrition-health-wellness/kids-best-start/childen-family/healthy-kids-programme
http://www.nestle.de/themenwelten/einblicke/out-of-home
www/nestle.de/themenwelten/dossier/gluten-und-zoeliakie
http://www.nestle.de/themenwelten/einblicke/entstehung-der-zukunftsstudie
http://www.nestle.de/themenwelten/news-storys/lebensmittel-solar-impulse, Lebensmittel entwickelt für extreme Situationen
http://www.nestle.de/themenwelten/news-storys/ernaehrung-der-zukunft-stoffwechsel
http://www.nestle.de/themenwelten/dossier/die-ersten-1000-tage
http://www.nestle.de/themenwelten/news-storys/kochen-mit-kindern
http://www.nestle.de/zukunftsstudie
https://www.nestlehealthscience.com/newsroom/press-releases/the-role-of-nutrition-in-dementia-prevention-and-management
https://www.nestlehealthscience.de/Ern%C3%A4hrungsthemen/HCP/Kau-und-Schluckst%C3%B6rung
https://www.nestlehealthscience.com/newsroom/press-releases/the-role-of-nutrition-in-dementia-prevention-and-management
NIHS News from the Institute NIHS 3.5.2015, Nestlé Institute of Health Sciencesteps up a gear in the fight against muscle loss in old age
https://www.nestleinstitutehealthsciences.com/news/newsinstitute/nestl%C3%A9%20institute%20of%20health%20sciences%20steps%20up%20a%20gear%20in%20the%20fight%20against%20muscle%20loss%20in%20old%20age
https://www.nestleinstitutehealthsciences.com/news/newsinstitute/press-releasethree
http://www.nestle-marktplatz.de/view/Marken/Libbys
Nestlé Nutrition Institute: The pattern of Infant's gut bacteria: Biomarkers of futurefood allergy?
https://www.nestlenutrition-institute.org/country/in/News/Pages/the-pattern-of-infants-gut-bacteria-biomarkers-of-future-food-allergy.aspx
http://ourworldindata.org/data/population-growth-vital-statistics/life-expectancy/
Purina: https://www.purinavets.eu/home/feline/innovations/ageing.htm

Goran, Michael I./Luc Tappy, Kim-Anne: Dietary Sugars and Health Lêhttp://www.crcpress.com/product/isbn/9781466593770

Griffin, E. (2014, April 10): Food startups are cookin': Munchery raises $28 million for meal delivery. Consulté le January 29, 2015, sur Fortune: http://fortune.com/2014/04/10/food-startups-are-cookin-munchery-raises-28-million-for-meal-delivery/healthon.de

www.heart.org

http://www.heinzketchup.de/UeberHeinz/OurHistory

IBM-WildDucks. (2015): Message from Mars: Big Data and Genomics Can Make Our Food Safer. Consulté le February 3, 2015, sur IBM: http://www.ibm.com/smarterplanet/us/en/dispatches/wildducks/mars/#pod

IDFA International Dairy Food Association

http://www.idfa.org/news-views/media-kits/ice-cream

Insights, C. (2014, October 30): Corporate Investment into Digital Health & Health IT Industry Hits Record Level. Consulté le February 12, 2015, sur CB Insights: https://www.cbinsights.com/blog/corporate-digital-health-investment-2014/

http://www.kelloggs.de/de_DE/who-we-are-landing/our-history.html

Kussmann, Martin/ Dean, Jennifer/ Middleton P./ van Bladeren, Peter J./le Coutre, Johannes: Harnessing the power of epigenetics for targeted nutrition http://www.research.nestle.com/resources/downloads/Documents/Nestl%C3%A9%20White%20paper%20Nutrigenomics %20FINAL.pdf

Kussmann, Martin/Krause, Lutz/Siffert, Winfried: Nutrigenomics: where are we with genetic and epigenetic markers for disposition and suspectibility

http://onlinelibrary.wiley.com/doi/10.1111/j.1753-4887.2010.00326.x/abstract

http://www.the-linde-group.com/internet.global.thelindegroup.global/de/images/chronik_d%5B1%5D16_9855.pdf

Mellentin, J. (2014, November 3): Key Trends in Functional Foods & Beverages for 2015: Understanding and connecting multiple trends can lead to longterm market success. Consulté le February 20, 2015, sur Nutraceuticals World: http://www.nutraceuticalsworld.com/issues/2014-11/view_features/key-trends-in-functional-foods-beverages-for-2015/

Mintel: Snacking Motivations and Attitudes US 2015

http://mintel.com

Nestlé: Nutrition landscaping for effective fortification, Pressemitteilung vom 16. Oktober 2013

http://www.nestle.com/Media/NewsAndFeatures/

http://www.research.nestle.com/newscenter /news/nestl%C3%A9researchcenterannouncescollaborationwithepigen,aleadingconsortiumforepigeneticsresearch

http://www.nestle.com/media/newsandfeatures/nestle-research-epigenetics

https://www.bve-online.de/download/bve-statistikbroschuere2014

http://www.bve-online.de/themen/verbraucher/industrielle-produktion/wirtschaftliche-bedeutung

http://www.bve-online.de/themen/branche-und-markt/branchenportrait

http://cailler.ch/de/alles-uber-cailler/geschichte/19-jahrhundert/

http://cailler.ch/de/alles-uber-cailler/geschichte/20-jahrhundert/

http://www.campbellsoupcompany.com/about-campbell/

http://www.census.gov/population/projections/data/

CGF. (2013): Health & Wellness. Consulté le February 28, 2015, sur The Consumer Goods Forum: http://www.theconsumergoodsforum.com/images/the_forum_images/resources/multimedia/infographics/Measuring_Health_and_Wellness_Progress_Infographic.png

Denning, S. (2014, October 9): What's the Future of the Food Industry? Consulté le January 13, 2015, sur Forbes: http://www.forbes.com/sites/stevedenning/2014/09/10/whats-the-future-of-the-food-industry/

http://www.diaetologen.at/fileadmin/user_upload/documents/Kongress/Abstracts_Ernaehrungskongress/Holzer.pdf

http://www.ealimentarium.ch/de/magazine/eine-wlt-fuenf-sinne Essen mit Sinnund Verstand

http://earlybirddiabetes.org./findings.php

EPFL: Nestlé Research Center and EPFL uncover the medicinal power of spices,

http://actu.epfl.ch/news/nestle-research-center-and-epfl-uncover-the-medi-2/

EpiGen Global Research Consortium, Press Release 4th February 2015 http://www.epigengrc.com/news

European Food Information Council (EUFIC): Food Today. Who's who der internationalen und europäischen Lebensmittelsicherheit und Ernährung? http://www.eufic.org/article/de/artid/who-is-who-internationale-europaeische-lebensmittelsicherheita-ernaehrung/

http://www.fh-erfurt.de/lgf/fileadmin/GB/Dokumente/Forschung/Bioaktive_Substanzen_im_Gemuese.pdf

FoodBev. (2015, February 15): New beauty drink is first to be enriched with fruit skin macroantioxidants. Consulté le February 16, 2015, sur FoodBev: http://www.foodbev.com/ news/new-beauty-drink-is-first-to-be-enriched

FoodBev. (2015, February 27); Sales of organic products rise, despite an overall fall in food spending. Consulté le March 18, 2015, sur FoodBev: http://www.foodbev.com/news/ sales-of-organic-products-rise-despite-a#.VPmFJUvdvHg

https://www.futuremanagementgroup.com/…/Transhumanismus?

http://www.geoba.se/population.php?pc=world&type=15

health? Some insights from PepsiCo (2007) Medical Journal of Australia, 187 (11-12), pp. 656–657.
Yach, Derek MBCHC, MPH, Feldman, Zoë MPH, Dondeena Bradley PHD, Robert Brown: Preventive Nutrition and the Food Industry: Perspectives on History, Present, and Future Directions, Preventive Nutrition 2010, pp 769–792
Yach, D., Khan, M., Bradley, D., Hargrove, R., Kehoe, S., Mensah, G.: Young, V. R., & Scrimshaw, N. S. (1979). Genetic and biological variability in human nutrient requirements. The American journal of clinical nutrition, 32(2), 486–500
Zachwieja, J., Hentges, E., Hill, J.O., Black, R., Vassileva, M. Public-private partnerships: The evolving role of industry funding in nutrition research (2013) Advances in Nutrition, 4 (5), pp. 570–572
Zeit Magazin 11/2013.
Zivkovic, A.M., Smilowitz, J.T., Bruce German, J. Nutrigenomics and Personalized Diets: What Will They Mean for Food? (2011) Food Science and Technology, 25 (1), pp. 36–39.

## インターネット

3sat.online: Laktoseintoleranz ist der Ur-Zustand, Sendung vom 9.10.2014 »Der Feind in meinem Bauch«.
Agency for Science, Technology and Research http://www.a-star.edu.sg/Media/News/Press-Releases/ID/3816/Infant-gut-microbiota-linked-with-gestation-duration-delivery-method-and-healthy-weight-gain.aspx
Alcock, Joe/Maley, Carlo C./Aktipis, C. Athena: Is eating behavior manipulated by the gastrointestinal microbiota? Evolutionary pressures and potential mechanismus, in: Bioessays 36: 940–949, www.bioessays.de
http://www.alimentarium.ch/de/academy
http://www.bauernverband.de/11-wirtschaftliche-bedeutung-des-agrarsektors-638269
BDSI Bundesverband der Deutschen Süßwarenindustrie Eis Info-Service http://www.markeneis.de/datenfakten
http://www.biography.com/people/clarence-birdseye-9213147
Boyle, M. (2014, May 28): Nestle Accelerates Health-Care Shift With $1.4 Billion Buy. Consulté le February 20, 2015, sur Bloomberg: http://www.bloomberg.com/news/articles/2014-05-28/nestle-sheds-galderma-ties-with-1-4-billion-skin-care-plunge
Bruce, B. (2014, December 14): New Nutrition Business' 10 Key Trends in Food, Nutrition and Health 2015. Consulté le February 9, 2015, sur Food & Beverage International: http://www.foodbev.com/news/new-nutrition-business-10-key-trends-in
www.bve-online.de/download/deutsche-ernaerungsindustrie2015

www.ncbi.nlm.nih.gov /pubmed/24679539
United Nations (UN), 1973, The Determinants and Consequences of Population Trends, Population Studies, No. 50
United Nations Department of Economic and Social Affairs Popular Division: World Population Prospects. The 2015 Revision. Key findings and Advance Tables, New York 2015
USDA: Research Investments and Market Structure in the Food Processing, Agricultural Input, and Biofuel Industries Worldwide, Executive Summary, Economic Information Bulletin Number 90, December 2011, http://www.ers.usda.gov/media/193646/eib90_1_.pdf
Verbraucherzentrale Bundesverband e.V. (vzbv) (Ed.): Essen im Alter, 2004.
Virmani, A., Pinto, L., Binienda, Z., & Ali, S. (2013). Food, Nutrigenomics, and Neurodegeneration— Neuroprotection by What You Eat!. Molecular neurobiology, 48(2), 353–362.
Voûte, J./Heughan, A./Casimiro, J.: Non-communicable diseases and the food and beverage industry (2012) The Lancet, 379 (9814), pp. 410–411
Wanjek, C. (2005): Food at work: Workplace solutions for malnutrition, obesity and chronic diseases. Geneva: International Labour Office.
Warner A. (2016) Processed food bad, natural food good ? We got it so wrong. New Scientist, April 28th, 2016.
Weaver, C.M., Dwyer, J., Fulgoni III, V.L., King, J.C., Leveille, G.A., MacDonald, R.S., Ordovas, J., Schnakenberg, D.: Processed foods. Contributions to nutrition (2014) American Journal of Clinical Nutrition, 99 (6), pp. 1525–1542
Weaver, John D.: Carnation. the first 75 Years 1899–1974, 1974
Webster, J.; Trieu, K.; Dunford, E.; Hawkes, C.: Target Salt 2025: A Global Overview of National Programs to Encourage the Food Industry to Reduce Salt in Foods. Nutrients 2014, 6, 3274–3287
Wen Ng, Shu, Slining, Meghan M., Barry M. Popkin: The Healthy Weight Commitment Foundation Pledge: Calories Sold from U.S. Consumer Packaged Goods, 2007–2012, American Journal of Preventive Medicine, Volume 47, Issue 4, October 2014, Pages 508–519
WHO Global status report of noncommunicable diseases 2014
Williams, R. Biochemical Individuality: The Basis for the Genetotrophic Concept
Wolff GL, Kodell RL, Moore SR, Cooeny CA: Maternal epigenetics and methyl supplements affect agouti gene expression in Avy/a mice. FA SEB Journal12, 949 – 957 (1998)
Yach, D.: Food companies and nutrition for better health (2008) Public Health Nutrition, 11 (2), pp. 109–111.
Yach, D., Lucio, A., Barroso, C. Can food and beverage companies help improve population

Sifferlin, A.: What Diet Helps People Live the Longest? Time Magazine. Feb 12, 2015.

Simopoulos, A. P., Bourne, P. G., & Faergeman, O. (2013): Bellagio report on healthy agriculture, healthy nutrition, healthy people. Nutrients, 5(2), 411–423. doi:http://dx.doi.org/10.3390/nu5020411

Sloan, E. (2002): The top 10 functional food trends: the next generation. Food Technologies, 56(4), 32–57.

Spiekermann, Uwe: Nahrung und Ernährung im Industriezeitalter, in: Materialien zur Ermittlung von Ernährungsverhalten, 35 – 73, Karlsruhe, 1997.

同上：Basis der Konsumgesellschaft: Entstehung und Entwicklung des modernen Kleinhandels in Deutschland 1850–1914 (Schriftenreihe zur Zeitschrift für Unternehmensgeschichte) 1999

Stauffer, J. E. (2004): Nutrigenomics. Cereal Foods World, 49(4), 247–248. Retrieved from http://search.proquest.com/docview/230356946?accountid=13876

Stover, P. J., & Caudill, M. A. (2008): Genetic and epigenetic contributions to human nutrition and health: managing genome–diet interactions. Journal of the American Dietetic Association, 108(9), 1480–1487.

Subbiah, M. R. (2008): Understanding the nutrigenomic definitions and concepts at the food-genome junction. OMICS A Journal of Integrative Biology, 12(4), 229–235.

Talbot, G.: Reducing Saturated Fats in Foods 2011 Woodhead Publishing Limited

Technoseum Landesmuseum für Technik und Arbeit in Mannheim (Ed.): Unser täglich Brot … Die Industrialisierung der Ernährung: Katalog zur Ausstellung vom 28.10.2011-29.4.2012, Mannheim, 2011.

Teicholz, Nina: The Big Fat Surprise: Why Butter, Meat and Cheese belong in a Healthy Diet, 2014

Teuteberg, Hans J./Wiegelmann, Günter: Nahrungsgewohnheiten in der Industrialisierung des 19. Jahrhunderts, Berlin, 2005

Thaler, Richard H./Sunstein, Cass R.: Nudge. Improving Decisions About Health, Whealth, and Happiness, 2008

The Lancet 2014: Contribution of six risk factors to achieving the 25 × 25 non-communicable disease mortality reduction target: a modelling study Kontis, Vasilis et al. The Lancet, Volume 384, Issue 9941, 427 – 437

The Nielsen Company. (2014). Snack Attack. What Consumers are reaching for Around the World. Nielsen Global Survey of Snacking.

Thomas, D., & Frankenberg, E. (2002): Health, nutrition and prosperity: a microeconomic perspective. Bulletin of the World Health Organization, 80(2), 106–113.

Topol, E. J.: (2012). The creative destruction of medicine: How the digital revolution will create better health care. Basic Books.

同上：(2014): Individualized medicine from prewomb to tomb. Cell, 157(1), 241–253. http://

Pendergrast, Mark: Für Gott und Coca-Cola. Die unautorisierte Geschichte der Coca-Cola Company. Munich, 1993

同上：Uncommon Grounds. The History of Coffee and How It Transformed Our World. 1999

Penders, B., Horstman, K., Saris, W. H., & Vos, R. (2007): From individuals to groups: a review of the meaning of ›personalized‹in nutrigenomics.

Perlmutter, David: Brain Maker. The Power of Gut Microbes to Heal and Protect Your Brain – for Life, 2015

Peters, Achim: Das egoistische Gehirn. Warum unser Kopf Diäten sabotiert und gegen den eigenen Körper kämpft, Berlin, 2008

Pollan, Michael: 64 Grundregeln Essen. Essen Sie nichts, was Ihre Großmutter nicht als Essen erkannt hätte. Munich, 2011

Qi, L.: Personalized nutrition and obesity (2014), Annals of Medicine, 46 (5), pp. 247–252

Reed, M.N., Doll, D., Simpkins, J.W., & Barr, T. (2014): Aging & stroke: The human condition. Proceedings Nestle Purina Companion Animal Nutrition Summit: Nutrition for Life. March 27–29, 2014, Austin, Texas.

Reilly, P. R., & DeBusk, R. M. (2008): Ethical and legal issues in nutritional genomics. Journal of the American dietetic association, 108(1), 36–40.

Rockhill B, Newman C, Wienberg R.: Use and misuse of population attributable fractions. Am Journal Public Health. 88, 15 – 19. (1998)

Ronald, P.C. & Adamchak R.W. (2008) Tomorrow's Table : Organic Farming, Genetics and the Future of Food. Oxford University Press.

Ronteltap, A., van Trijp, J. C. M., & Renes, R. J. (2007): Expert views on critical success and failure factors for nutrigenomics. Trends in food science & technology, 18(4), 189–200.

同上：(2008): Making nutrigenomics work–Integrating expert stakeholder opinions and consumer preferences. Trends in food science & technology, 19(7), 390–398. Trends in food

science & technology, 18(6), 333–338.

Saguy, Sam I. (2011): Paradigm shifts in academia and the food industry required to meet innovation challenges. Trends in Food Science & Technology, 22(9), 467–475.

Schwarz, Friedhelm: Nestlé. Macht durch Nahrung. Munich, 2000

同上：Nestlé. The Secrets of Food, Trust and Globalization, Toronto, 2002

同上：Nestlé. Macht durch Nahrung, Bergisch Gladbach 2003

Scriver, C.: Nutrient-gene interactions. The gene is not the disease and vice versa

Sela, D. C. (2008): The genome sequence of Bifidobacterium longum subsp. Infantis reveals adaptations for milk utilization within the infant microbiome. Proceedings of the National Academy of Sciences, 105(48), 18964–69.

同上：Nestlé Studie 2012. Das is(s)t Qualität
同上：Gesund genießen. Essen und Trinken für mehr Wohlbefinden
同上：Bericht zur gemeinsamen Wertschöpfung 2014. Qualität nehmen wir wörtlich
Nestlé Fondation Alimentarium: Gen-Welten Ernährung
Nestle, Marion: Food politics: How the food industry influences nutrition and health.
Nestlé Research: Vision, Action, Value Creation, 2010
Nestlé Research Center: The Fountain of Knowledge. Research for Nutrition, Health and Wellness, 2004
Nestlé Zukunftsforum/tns infratest: NZF-Factbook II, Consumer Confusion
Neue Zürcher Zeitung Publishing: Business in a Changing Society. Festschrift für Peter Brabeck-Letmathe, Zürich 2014
Oaklander, M: How to Live Longer. Time Magazine Feb 12, 2015
Offord, E., Major, G., Vidal, K., Gentile-Rapinett, G., Baetge, E., Beck, T., & le Coutre, J.: Nutrition throughout life: innovation for healthy ageing.
van Ommen, B., Keijer, J., Heil, S. G., Kaput, J.: Challenging homeostasis to define biomarkers for nutrition related health. Molecular Nutrition Food Research 53, 795- 804 (22009)
Ordovas, J., & Shyong Tai, E. (2009): Gene–Environment Interactions: Where are we and where should we be Going?. Nutrition and Genomics: Issues of Ethics, Law, Regulation and Communication, 1.
Ornish, D.:. It's Time to Embrace Lifestyle Medicine. Time Magazine Feb 12, 2015
Pan, Y. (2011): Enhancing brain functions in senior dogs: a new nutritional approach. Topics in companion animal medicine, 26(1), 10–16.
同上：Cognitive dysfunction syndrome in dogs and cats. CAB Reviews 2013 8, No. 051 (2013)
同上：Enhancing cognitive function through diet in cats. Nestle Purina Companion Animal Nutrition Summit: Nutrition for Life. March 27–29, 2014, Austin, Texas
Pan, Y., Larson, B., Araujo, J. A., Lau, W., De Rivera, C., Santana, R., … & Milgram, N. W. (2010): Dietary supplementation with medium-chain TA G has long-lasting cognition-enhancing effects in aged dogs. British journal of nutrition, 103(12), 1746–1754
Panchaud, A., Affolter, M., & Kussmann, M. (2012): Mass spectrometry for nutritional peptidomics: how to analyze food bioactives and their health effects. Journal of proteomics, 75(12), 3546–3559
Park, A.: The Cure for Aging. Time Magazine Feb 12, 2015
Park, E., Paisely, E., Mangian, H.J., Swartz, D.A., Wu, M.X., O'Morchoe, P.J., Behr, S.R., visek WJ, Kaput, J.: Lipid level and type alter stearoyl CoA desaturase mRNA abundance differently in mice with distinct susceptibilities to diet-influenced diseases. J Nutrition 127

Montoliu, I./Scherer, M./Beguelin, F./DaSilva, L./Mari, D./ Salvioli, S., … & Collino, S. (2014): Serum profiling of healthy aging identifies phospho-and sphingolipid species as markers of human longevity. Aging (Albany NY), 6(1), 9.

Morine, M. J., Monteiro, J. P., Wise, C., Pence, L., Williams, A., Ning, B., McCabe-Sellers, B., Champagne, C., Turner, J., Shelby, B., Bogle, M., Beger, R. D., Priami, C.: Genetic associations with micronutrient levels identified in immune and gastrointestinal networks. Genes&Nutrition

Moss, Mchael: Salt Sugar Fat. How the Food Giants Hooked Us. New York 2013

同上：Das Salz Zucker Fett Komplott. Wie die Lebensmittelkonzerne uns süchtig machen, Munich, 2014

Naisbitt, John: Megatrends. 10 Perspektiven, die unser Leben verändern werden, Munich, 1985

Nestlé AG (Hrsg.): Heer, Jean: Nestlé hundertfünfundzwanzig Jahre von 1866 bis 1991, Vevey 1991

同上：Nestlé Research and Development at the dawn of the 21st Century, 2000

同上：People building brands, 2000

同上：The World Food Company, 2001

同上：(Ed.) Pfiffner, Albert/Renk, Hans-Jörg: Wandel als Herausforderung. Nestlé 1990–2005, Cham und Vevey 2007

同上：Innovating the future. Research & Development for Nutrition, Health and Wellness, 2007

同上：Ernährungsbedürfnisse und hochwertige Ernährung, Bericht zur Gemeinsamen Wertschöpfung 2008

同上：Nestlé Good Food Good Life Trends. Understanding trends in nutrition, health and wellness. Wellness in action. fast forward to Good Food, Good Life. 2011, July

同上：Nestlé in society – Creating Shared Value and meeting our commitments, 2014

同上：Nestlé in der Gesellschaft, Gemeinsame Wertschöpfung und unsere sozialen Verpflichtungen, 2014

同上：Annual Report 2014

同上：Corporate Governance Report 2014, Compensation Report 2014, Financial Statements 2014

同上：Jahresbericht 2014

同上：Henri Nestlé 1814–1890. From Pharmacist's Assistant to Founder of the World's Leading Nutrition, Health and Wellness Company. Cham/Vevey 2014

同上：Nestlé Policy on Micronutrient Fortification of Foods & Beverages, Poliy Mandatory, June 2015

Nestlé Deutschland AG: Nestlé Studie 2009. Ernährung in Deutschland 2008

同上：Nestlé Studie 2011. So is(s)t Deutschland. Ein Spiegel der Gesellschaft

Krul, E. S., & Gillies, P. J. (2009): Translating nutrigenomics research into practice: the example of soy protein. Nutrition and Genomics: Issues of Ethics, Law, Regulation and Communication, 25.

Kussmann, M., & Van Bladeren, P. J. (2011). The extended nutrigenomics – understanding the interplay between the genomes of food, gut microbes, and human host, in:. Frontiers in genetics 2. 2011, Vol. 2, Article 21

Kussmann, M., Blum, S. (2007): OMICS-derived targets for inflammatory gut disorders: opportunities for the development of nutrition related biomarkers. Endocrine, Metabolic & Immune Disorders-Drug Targets (Formerly Current Drug Targets-Immune, Endocrine & Metabolic Disorders), 7(4), 271–287

Kussmann, Martin/Fay, Laurent B.: Nutrigenomics and personalized nutrition: Science and concept (2008) in: Personalized Medicine, 5 (5), pp. 447–455.

Kussmann, Hager, Morine, Kaput: Systems Diabetes Frontiers 2013, 4, 205

Kussmann, M./Rezzi, S./Daniel, H. (2008): Profiling techniques in nutrition and health research. Current opinion in biotechnology, 19(2), 83–99.

Kussmann/Siffert: NutritionEpiGenetics, NutrRev 2010, 68, pp. 38–47

Lang, Timothy/Heasman, Michael: Food wars: the global battle for minds, mouths, and markets, Sterling/USA 2004

Larson IA, Ordovas JM, Barnard JR, Hoffmann MM, Feussner G, Lamon-Fava S, Schaefer EJ: Effects of apolipoprotein A-I genetic variations on plasma apolipoprotein, serum lipoprotein and glucose levels. Clin Genet 61, 176 – 184. (2002).

Laursen, L. (2010): Interdisciplinary research: Big science at the table. Nature, 468 (7327), pp. 2–4.

Leitzmann, Claus/Cannon, Geoffrey: Die Gießener Erklärung zum Projekt »Die neue Ernährungswissenschaft«, in: Ernährungs-Umschau 53 (2006) Heft 2

Leitzmann, Claus et al.: Ernährung in Prävention und Therapie: Ein Lehrbuch, 2009

Ludwig, D.S./Nestle, M.: Can the food industry play a constructive role in the obesity epidemic? (2008) JAMA – Journal of the American Medical Association, 300 (15), pp. 1808–1811

Maddison, Angus: The World Economy – A Millenial Perspective, Paris 2001

Menzel, Peter/D' Alusio, Faith: What the World Eats, 2008

Metro AG (Ed.): Metro-Handelslexikon 2014/2015, Düsseldorf, 2014

Mine, Y., Miyashita, K., & Shahidi, F. (2009): Nutrigenomics and proteomics in health and disease: An overview. Nutrigenomics and Proteomics in Health and Disease: Food Factors and Gene Interactions, 1.

Moco, S., Candela, M., Chuang, E., Draper, C., Cominetti, O., Montoliu, I., … & Martin, F. P. J. (2014): Systems Biology Approaches for Inflammatory Bowel Disease: Emphasis on Gut Microbial Metabolism. Inflammatory bowel diseases, 20(11), 2104–2114.

the Path to Personalized Nutrition, 1-35.

同上：Nutrigenomics research for personalized nutrition and medicine (2008) Current Opinion in Biotechnology, 19 (2), pp. 110-120.

Kaput J, Kussmann M, Mendoza Y, LeCoutre R, Cooper K, Roulin A. Enabling nutrient security and sustainability through systems research. Genes&Nutrition, in press 2015

Kaput J/Morine MJ: Discovery-based nutritional systems biology: developing N-of-1 nutrigenomic research. Int. J for Vitamin and Nutrition Research. 82, 333 -341 (2012)

Kaput J, Ning B. Nutrigenomics for Pet Nutrition and Medicine. Compendum: Continuing Education for Veterinarians. Supplement 31, 40 - 45 (2009)

Kaput, J., Ordovas, J. M., Ferguson, L., Van Ommen, B., Rodriguez, R. L., Allen, L., … & Korf, B. R. (2005): The case for strategic international alliances to harness nutritional genomics for public and personal health. British Journal of Nutrition, 94(05), 623-632.

Kaput J./ Rodriguez RL.: Nutritional genomics: the next frontier in the post genomic era. Physiological Genomics 16, 166-177. 2004

同上：Nutritional Genomics, Discovering the Path to Personalized Nutrition. Wiley and Sons. 2006

Kaput J./Swartz, Paisely E, Mangian H, Daniel WL, Visek WJ: Diet-disease interactions at the molecular level: an experimental paradigm. J. Nutrition 124, 1265S - 1305S

Kauwell, G. (2008). Epigenetics: what it is and how it can affect dietetics practice. Journal of the American Dietetic Association, 108(6), 1056-1059.

Kessler, David: Das Ende des großen Fressens. Wie die Nahrungsmittelindustrie Sie zu übermäßigem Essen verleitet. Was Sie dagegen tun können. Munich 2011

Kilcast, David, and Fiona Angus, eds.: Reducing salt in foods: Practical strategies. Elsevier, 2007.

Klugger, J.: How your Mindset Can Change How You Age. Time Magazine Feb 12, 2015

König, Wolfgang: Geschichte der Konsumgesellschaft (Vierteljahresschrift für Sozialund Wirtschaftsgeschichte - Beihefte) gebundene Ausgabe 2000

Korthals, M. (2011): Deliberations on the Life Sciences: Pitfalls, Challenges and Solutions. Journal of Public Deliberation, 7(1), 8.

Korthals, M., & Komduur, R. (2010): Uncertainties of nutrigenomics and their ethical meaning. Journal of Agricultural and Environmental Ethics, 23(5), 435-454. doi:http://dx.doi.org/10.1007/s10806-009-9223-0

Korver, O.:›Healthy‹ developments in the food industry (1997) Cancer Letters, 114 (1-2), pp. 19-23

Kris-Etherton, P.M., Lefevre, M., R.P. Mensink, et al: »Trans Fatty Acid Intakes and Food Sources in the U.S. Population: NHANES 1999-2002«, Lipids October 2012, Volume 47, Number 10, pp. 931-940

4657 (1993)

Green, H.: Global obesity. Nestlé initiatives in nutrition, health, and wellness (2006), Nutrition Reviews, 64 (SUPPL. 1), pp. S62-S64

Griffin, J. D., & Lichtenstein, A. H. (2013): Dietary cholesterol and plasma lipoprotein profiles: randomized controlled trials. Current nutrition reports, 2(4), 274–282.

Gurrin, Cathal/Smeaton, Alan F./Doherty, Aiden R.: LifeLogging: Personal Big Data, in: Foundations and Trends in Information Retrieval. Vol. 8, No. 1 (2014) 1–107

Harcombe, Z., Baker, J. S., Cooper, S. M., Davies, B., Sculthorpe, N., DiNicolantonio, J. J., & Grace, F. (2015): Evidence from randomised controlled trials did not support the introduction of dietary fat guidelines in 1977 and 1983: a systematic review and meta-analysis. Open heart, 2(1), e000196.

Hawkes, Corinna/Harris, Jennifer L.: An analysis of the content of food industry pledges on marketing to children, Public Health Nutrition 14.08 (2011): 1403–1414.

Heimann, Jim: Car Hops and Curb service. A History of American Drive-In Restaurants 1920–1960. Chronicle Books / Edition Stemmle, Kilchberg 1996.

Hesketh, J.: Personalised nutrition. How far has nutrigenomics progressed? (2013), European Journal of Clinical Nutrition, 67 (5), pp. 430–435.

Hirschfelder, Gunther: Europäische Esskultur: Eine Geschichte der Ernährung von der Steinzeit bis heute, Frankfurt, 2005.

Horrigan, L. L. (2002): How Sustainable Agriculture Can Address the Environmental and Human Health Harms of Industrial Agriculture. Environmental health perspectives, 110(5), 445–456.

Huber M./Knottnerus J. A./Green L./Horst HVD/Jadad AR/ Kromhout D/Leonard B/ Lorig K/Loureiro MI/Meet KWMVD/ Schnabel P/Smith R/Weel CV/Smid H.: How should we define health? BMJ 343, d4163-d4163

IDF: Faktenblatt des Internationalen Milchwirtschaftsverbandes Februar 2013

IFIC Foundation. (2009). 2009 Food & Health Survey. Washington, D.C.: International Food Information Council (IFIC) Foundation.

Index, A. t. (2013). Access to Nutrition Index Global Index 2013. Global Alliance for Improved Nutrition.

International Diabetes Federation (IDF): IDF Diabetes Atlas 2014

International Food & Beverage Alliance 2012 Progress Report

Jutzi, Sebastian: Der bewohnte Mensch. Darm, Haut, Psyche. Besser leben mit Mikroben, Munich 2014

Kahlert, Christian/ Müller, Pascal, Mikrobiom – die Entdeckung eines Organs, in: Schweizer Med Forum 2014;14 (16–17):342–344

Kaput, J. (2006): An introduction and overview of nutritional genomics: application to Type 2 diabetes and international nutrigenomics. Nutritional Genomics: Discovering

Feng J He, Sonia Pombo-Rodrigues, Graham A MacGregor: Salt reduction in England from 2003 to 2011: its relationship to blood pressure, stroke and ischaemic heart disease mortality BMJ Open 2014;4:e004549

Focus Nr. 30/2013, Wo die Gesundheit sitzt, p. 79 ff.

FoodDrinkEurope: Data & Trends of the European Food and Drink Industry 2013–2014

Frankfurter Allgemeine Zeitung, 7. Juni 2011, Jedermanns Gentest

Frankfurter Allgemeine Zeitung, 25. Oktober 2014, Die Welt ist dem Silicon Valley nicht genug

Frankfurter Allgemeine Zeitung, 27. Januar 2015, Die Fitness-Falle

Fraunhofer-Institut für Verfahrenstechnik und Verpackung (IVV) und Technische Universität München Wissenschaftszentrum Weihenstephan (WZW) Lehrstuhl für Ernährungsphysiologie im Auftrag des deutschen Bundesministeriums für Bildung und Forschung (BMBF) (Ed.): Studie zum Innovationssektor Lebensmittel und Ernährung, Freising/Berlin 2010

Freedhoff, Yoni, and Paul C. Hébert: Partnerships between health organizations and the food industry risk derailing public health nutrition. Canadian Medical Association Journal 183.3 (2011): 291–292.

Fuchs, Richard: Functional Food. Medikamente in Lebensmitteln. Chancen und Risiken. Berlin 1999

Galesi, D. (2014): Towards the Genomization of Food? Potentials and Risks of Nutrigenomics as a Way of Personalized Care and Prevention. Italian Sociological Review, 4(2).

Gedrich, Kurt /Oltersdorf, Ulrich (Eds.): Ernährung und Raum: Regionale und ethnische Ernährungsweisen in Deutschland, Karlsruhe, 2002.

Gehirn und Geist Nr. 4/2014, p. 76ff

GEO kompakt Nr. 42, 2015, p. 30, Wie Essen unser Fühlen bestimmt

German, J. B., Zivkovic, A. M., Dallas, D. C., & Smilowitz, J. T. (2011): Nutrigenomics and personalized diets: what will they mean for food?. Annual review of food science and technology, 2, p. 97–123

Ghosh, D., Skinner, M. A., & Laing, W. A. (2007): Pharmacogenomics and nutrigenomics: Synergies and differences. European Journal of Clinical Nutrition, 61(5), 567–74. doi:http://dx.doi.org/10.1038/sj.ejcn.1602590

Gill, R. (2009): Business applications of nutrigenomics: an industry perspective. Nutrition and genomics. Issues of ethics, laws, regulations and communication, 1st edn. Academic Press/Elsevier, 45–61.

Godard, B., & Ozdemir, V. (2008): Nutrigenomics and personalized diet: from molecule to intervention and nutri-ethics. OMICS: A Journal of Integrative Biology, 12(4), 227+.

Gottlicher M, Widmark E, Li Q, and Gustafsson J-A.: Fatty acids activate a chimera of the clofibric acid-activated receptor and the glucocorticoid receptor. PNAS 89 4653 –

105(4), 589-598.

DeFelice, S. L. (1995). The nutraceutical revolution: its impact on food industry R&D. Trends in Food Science & Technology, 6(2), 59-61.

DeFroidmont-Görtz, I. B. (2009). Emerging technologies and perspectives for nutrition research in European Union 7th Framework Programme. European journal of nutrition, 48(1), 49-51.

Denkwerk Zukunft: Stiftung kulturelle Erneuerung. Factbook 1: Die gegenwärtige und künftige Bedeutung von Essen und Trinken für den gesellschaftlichen Zusammenhalt in Deutschland. Im Auftrag des Zukunftsforums der Nestlé Deutschland AG, Bonn 2010

Dennis, C. A. (2009). Technologies Shaping the Future. Dans FAO , & A. C. da Silva (Ed.), Agro-industries for Development (pp. 92-135). Bodmin: MPG Books Group.

Diabetes Prevention Program Research Group. (2002). Reduction in the incidence of type II diabetes

Der Spiegel Nr. 36/29.8.2015, p. 114 f, Abschied vom Analogkäse

Der Spiegel Wissen 4/2013, Bauchsache p. 108 ff

De Schutter, O. (2014). Report of the Special Rapporteur on the right to food. Final report: The transformative potential of the right to food. doi:10.1093/oxfordhb/9780199560103.003.0005.

Deutscher Bauernverband: Situationsbericht 2014/15

Doell, D./Folmer, D./Lee, H./Honigfort, M. & Carberry, S.: Updated estimate of trans fat intake by the US population, Food Additives & Contaminants: Part A Volume 29, Issue 6, 2012

Dwyer, JT, Fulgoni, VL, et al. (2012). Is »Processed« a Four-Letter Word ? The Role of Processed Foods in Achieving Dietary Guidelines. Adv Nutr, 3(1), 536-548. doi:10.3945/an.111.000901.536

Earle, M. D. (1997): Innovation in the food industry. Trends in Food Science & Technology, 8(5), 166-175.

European Commission: From farm to fork, Safe food for Europe's consumers, Brüssel 2004.

同上：50 years of Food Safety in the European Union, Luxemburg: Office für Official Publications of the European Communities, 2007

Fallaize, R., Macready, A. L., Butler, L. T., Ellis, J. A., & Lovegrove, J. A. (2013): An insight into the public acceptance of nutrigenomic-based personalised nutrition. Nutrition Research Reviews, 26(1), 39-48. doi:http://dx.doi.org/10.1017/S0954422413000024

Feldman, Z., Bradley, D.G., Greenberg, D. The food and beverage industry's efforts regarding obesity prevention (2010) Obesity Epidemiology: From Aetiology to Public Health

Castle, D., Cline, C., Daar, A. S., Tsamis, C., & Singer, P. A. (2006): Nutrients and norms: ethical issues in nutritional genomics. Discovering the Path to Personalized Nutrition, 419–434.

同上：P. A. Nutritional Genomics: Opportunities and Challenges. Science, Society, and the Supermarket: The Opportunities and Challenges of Nutrigenomics, 1–17.

Caulfield, T., Shelley, J., Bubela, T., & Minaker, L. (2009): Framing nutrigenomics for individual and public health: public representations of an emerging field. Nutrition and genomics: Issues of ethics, law, regulation and communication, 223.

Charisius, Hanno/Friebe, Richard: Bund fürs Leben. Warum Bakterien unsere Freunde sind. Munich 2014

Chou, C. J./Affolter, M. & Kussmann, M. (2011) : A nutrigenomics view of protein intake. macronutrient, bioactive peptides, and protein turnover. Progress in molecular biology and translational science, 108, 51–74

CIAA . (2005). Food and Drink Industry, Initiatives on Diet, Physical Activity and Health. CIAA CONGRESS 2004: Food Futures. Eating Well, Feeling Good. Confederation of the food and drink industries of the EU.

Compher, C., & Mehta, N. M. (2016). Diagnosing Malnutrition: Where Are We and Where Do We Need to Go? Journal of the Academy of Nutrition and Dietetics, 116(5), 779–784. doi:10.1016/j.jand.2016.02.001

Confederation of the food and drink industries of the EU CIAA , Data & trends of the European Food and Drink Industry 2009

Constantin, Nathalie/Wahli, Walter: Die Nutrigenomik oder der Köningsweg zu einer präventiven Ernährung, in SVDE (Schweizerischer Verband diplomierter Ernährungsberater/innen) ASDD Info 6/2013

Cordain, L., Eaton, S. B., Sebastian, A., Mann, N., Lindeberg, S., Watkins, B. A., … & Brand-Miller, J. (2005): Origins and evolution of the Western diet: health implications for the 21st century. The American journal of clinical nutrition, 81(2), 341–354.

Crogan, N. L., & Pasvogel, A. (2003): The influence of protein-calorie malnutrition on quality of life in nursing homes. The Journals of Gerontology Series A: Biological Sciences and Medical Sciences, 58(2), M159-M164.

Darnton-Hill, I., Margetts, B., & Deckelbaum, R. (2004): Public health nutrition and genetics: implications for nutrition policy and promotion. Proceedings of the Nutrition Society, 63(01), 173–185.

DeBusk, R. (2009): Diet-related disease, nutritional genomics, and food and nutrition professionals. Journal of the American dietetic association, 109(3), 410–413.

DeBusk, R. M., Fogarty, C. P., Ordovas, J. M., & Kornman, K. S. (2005): Nutritional genomics in practice: Where do we begin?. Journal of the American dietetic association, cents, Journal of the Academy of Nutrition and Dietetics, Volume 114, Issue 7, July 2014, Pages 1009–1022

Betoret, E., Betoret, N., Vidal, D., Fito, P. (2011): Functional foods development: Trends and technologies. Trends in Food Science & Technology, 22 (11), 498–508.

Bhardwaj M (2007): From farm to pharma: public health challenges of nutrigenomics. Personalized Med 4: 423–430

Biesalski, Hans Konrad u.a.: Taschenatlas Ernährung, 2015

Bigliardi, B., & Galati, F. (2013). Innovation trends in the food industry: the case of functional foods. Trends in Food Science & Technology, 31(2), 118–129.

Borius-Gunning, A. A. (2014): European Consumer. Healthy Trend for the Food & Beverage Sector. Morgan Stanley Research Europe.

Bouwman, L. I., & van Woerkum, C. (2009). Placing healthy eating in the everyday context: towards an action approach of gene-based personalized nutrition advice. Nutrition and Genomics: Issues of Ethics, Law, Regulation and Communication, 123.

Boyle, M., & Holben, D. (2012). Community Nutrition in Action: An Entrepreneurial Approach. Belmont, CA: Cengage Learning.

Briesen, Detlef: Das gesunde Leben. Ernährung und Gesundheit seit dem 18. Jahrhundert. Frankfurt/New York 2010

Brown, L./van der Ouderaa, F.: Nutritional genomics. Food industry applications from farm to fork (2007) British Journal of Nutrition, 97 (6), pp. 1027–1035

Brownell, K. D./Warner, K. E. (2009): The Perils of Ignoring History: Big Tobacco Played Dirty and Millions Died. How Similar Is Big Food? Milbank Quarterly, 87: 259–294

Bund für Lebensmittelrecht und Lebensmittelkunde e.V. (BLL), Unsere Lebensmittelwirtschaft– eine starke Kraft für Deutschland

Bundesministerium für Bildung und Forschung: Ernährungsforschung. Gesünder essen mit funktionellen Lebensmitteln. Berlin 2010

同上：Stoffwechselforschung. Wie Ernährung und Gene auf die Gesundheit wirken. Bonn, Berlin 2008

Bundesvereinigung der Deutschen Ernährungsindustrie (BVE): Ernährungsindustrie 2014

同上：Ernährungsindustrie 2015

同上：Jahresbericht 2014–2015

同上：Die Ernährungsindustrie in Zahlen 2015

Buttriss, J.L.: Food reformulation. The challenges to the food industry (2013) Proceedings of the Nutrition Society, 72 (1), pp. 61–69

Carstensen, L.: The New Age of Much Older Age. Time Magazine Feb 12, 2015

Castle, D. (2009): The Personal and the Public in Nutrigenomics. Nutrition and Genomics: issues of ethics, law, regulation and communication (D. Castle and NL Ries, Eds.) pp. 245–262.

# 参考文献・資料


Adler, A. J., Taylor, F., Martin, N., Gottlieb, S., Taylor, R. S., & Ebrahim, S. (2014): Reduced dietary salt for the prevention of cardiovascular disease. The Cochrane Library.

Ahmed, Farooq, Tales of adversity, in: Nature, Vol. 468, 23/30 December 2010

Alexander, E. Y. (2011): Major multinational food and beverage companies and informal sector contributions to global food consumption: implications for nutrition policy. Globalization and health, 7(1), 26.

Ames BN, Elson-Schwab I, Silver EA.: High does vitamin therapy stimulates variant enzymes with decreased coenzyme binding affinity (increased Km): relevance to genetic disease and polymorphisms. AJCN 75, 616 - 658 (2002)

Andlauer, W., & Fürst, P. (2002): Nutraceuticals: a piece of history, present status and outlook. Food Research International, 35(2), 171-176.

Annan, K. & Dryden S. (2016) Food and the Transformation of Africa. Getting Smallholders Connected. The Fourth Industrial Revolution, A Davos Reader, by Gideon Rose.

Astarita, G., & Langridge, J. (2013): An Emerging Role for Metabolomics in Nutrition Science. Journal of nutrigenetics and nutrigenomics, 6(4-5), 179-198.

Astley, S. B., & Elliott, R. M. (2004): The European Nutrigenomics Organisation-linking genomics, nutrition and health research. Nutrition Bulletin, 29(3), 254-261.

Bakker, M. (2014, June 10): Google Food Team's Big Vision for Hacking A Better Future of Dining. (F. T. Connect, Intervieweur)

Ballke, C., & Meisterernst, A. (2012): Nutrigenomics - A new trend from a legal perspective. European Food and Feed Law Review : EFFL, 7(1), 14-21.

Barclay, D./Haschke, F.: The food industry and consumer nutrition and health (2015), World Review of Nutrition and Dietetics, 111, pp. 198-204

Barker DJP, Gluckman PD, Godfrey KM, Harding JE, Owens JA, Robinson JS: Fetal nutrition and cardiovascular disease in adult life. The Lancet 341, 938 (1993)

Beddington, J. (2009). Food, energy, water and the climate: a perfect storm of global events? World Development, 1-9. doi:10.1016/j.funeco.2014.08.001

Belasco, Warren J.: Appetite for Change: How the Counter Culture Took on the Food Industry, 1966-1988, New York 1989

Bergmann, Karin: Industriell gefertigte Lebensmittel. Hoher Wert und schlechtes Image? Berlin 1999

Bergmann, M. M., & Mathers, J. C. (2011): Ethical challenges in human nutrigenomics research. Maturitas, 68(4), 297-298.

Berner, Louise A./Keast, Debra R./Bailey, Regan L./ Dwyer, Johanna T.: Fortified Foods Are Major Contributors to Nutrient Intakes in Diets of US Children and Adoles-

モンデリーズ・インターナショナル
86

## ヤ行

UHT 牛乳（超高温殺菌牛乳） 61
ユニリーバ 85
ヨーロッパ連合 116
予防 166

## ラ行

ライフサイエンス・パラダイム 102
ライフスタイル 185
ラクトースフリー 191
リービッヒの肉エキス 54
リービッヒ、ユストゥス・フォン 53
リビー 58
リビーのコンビーフ 58
リンツ、ロドルフ 70
リンデ、カール・フォン 71
冷凍機 53
冷凍技術 71
レンペル、ルドルフ 60
連邦食品・医薬品法 59
ロハス 35

ネスレ・アングロ・スイス煉乳会社　70
ネスレ、アンリ　52
ネスレ インスティテュート オブ ヘルスサイエンス　39, 94
ネスレ栄養基金　112
ネスレ栄養プロファイリングシステム　112
ネスレ ヘルシーキッズ プログラム　200
ネスレ ヘルスサイエンス　39, 154
ネスレ ポーション ガイダンス　199
ネスレ リサーチセンター　90, 195
農業の新ビジョン・イニシアチブ　120

## ハ行

バーズアイ、クラレンス　73
バイオマーカー　133
ハインツ、ヘンリー・ジョン　59
パスツール、ルイ　52, 61
発酵　61, 112
BSN ゲルベ・ダノン　87
PPP 戦略　90, 98, 113
ビッグデータ　210
ヒトゲノム計画　127
ヒトの遺伝子　127
微量栄養素　40, 107
ファイトケミカル　111
ファストフード　75
ファリーヌ・ラクテ・アンリ・ネスレ　56
ファン・ハウテン　69
袋入りあるいは缶入りのスープ　80
プライベートブランド　122
フラミンガム・スタディ　33
ブレインフード　93
プロバイオティクス　112, 178
分子遺伝学　45
分子栄養学　45
粉乳　62, 65
平均寿命とカロリー摂取量との相関関係　18
平均余命　27
兵士向けの長期保存食　57
ページ、チャールズ　63
ペーター、ダニエル　69
ベビーフード　198
ベビーブーマー　74
ペプシコ　84
ヘルスケア・ニュートリション　154
ペンバートン、ジョン・スティス　78
ボーデン、ゲイル　63
保存技術　58
ボッシュ、ロバート　72

## マ行

マーガリン　66
マイクロバイオーム　137
マインドフル・スナッキング　87
マギー、ジュリアス　54
マクドナルド　76
マクロ栄養素　107
豆の粉　54
マルチエイジングの時代　28
慢性疾患　29
ミレニアル世代　34
無菌マウス　141, 176
メージュ=ムーリエ、イポリット　65
メタボロミクス　135

子どもの腸内細菌　143
コンデンスミルク　62

## サ行

ジェネティクス　44
時間に追われる　189
資源獲得競争　97
市場の動き　122
市場への供給力　118
自然災害　49
質にこだわる派　184
実用的な開発　89
集団化された農業　50
小規模生産された食品　120
消費者の混乱　36
食事法の流行　106
食習慣　181, 201
食生活に関連する疾患　90
食生活のトレンド　25
食の外注化　98
食品の安全　123
食品メーカーの台頭　67
植物二次代謝産物　111
食料不足　49
食料を長持ちさせる　53
新顔の食べ物　207
人口増加　51
人口統計　121
スーパーマーケット・チェーン　122
スシャール、フィリップ　69
スパイス　195
生産者パラダイム　100
生乳　62
製氷工場　71
製品技術センター　91
生命科学　39
生理活性物質　110
世界経済フォーラム　120
ソーシャル・トレンド・ヘルス　34

## タ行

代謝プロセスの個人差　40
体重減少　136
ダノン　87
食べ物についてのブログ　185
食べ物の好み　179
食べることは個性　35
朝食用シリアル　82
チョコレート　69
低栄養　162
低温凍結　93
テイクアウト　75
ディスカウント業者　122
手ごろな価格の食料を確実に供給する　104
デザイン思考　149
鉄不足　108
デュランド、ピーター　57
テンサイ糖　68
電子レンジ　80

## ナ行

長持ちする食品　65
ナチュラルネス　88
乳児用スープ　55
乳製品　61
ニュートリゲノミクス　40, 46, 132
ニュートリジェネティクス　46, 132
認知症　146
ネスカフェ　81

# 索引

## ア行

アートフード　208
アーリーバード　135
RNA　129
アイスクリーム　77
アイスボックス　72
アグリビジネス　116
１次予防　166
遺伝子研究　129
遺伝子検査　209
遺伝子プール　131
移動しながら食べる　189
インスタント食品　79, 190
ヴェック、ヨハン　60
栄養　92
栄養基準　112
栄養・健康・ウェルネス企業　152
栄養についての神話　179
エコロジカル・パラダイム　101
エピジェネティクス　43, 45, 127
エピジェネティックマーカー　43
エピジェン・コンソーシアム　133, 143
エルブスヴルスト　67
オーミクス　44
押出機　93
オランダの飢餓の冬　43
オルド自由主義　169

## カ行

カイエ、フランソワ=ルイ　69
カブラの冬　50
カリコ　160
環境への影響　101
缶詰食品　58
慣例が廃れる　187
飢饉　48
基礎研究　89
機能性食品　109, 159
キャンドラー、エイサ・G　79
キャンベル、ジョセフ・A　58
競争社会　34
クノール　67
クノール、カール・ハインリッヒ　67
グルテンフリー　191
グローバルな食品業界　116
グローバル・メガトレンド　24
ケロッグ、ジョン・ハーヴィー　82
ケロッグのコーンフレーク　80
健康アプリ　35
健康意識　32
健康管理による予防　167
健康とウェルネス　151
健康は財産　186
公衆衛生局　33
行動様式　187
購買力　121
小売業者　122
高齢化　26
高齢者　145
コーヒー　81, 194
氷業界　71
コカ・コーラ　78
国際栄養科学連合　37
骨格筋の機能低下　145
コッホ、ロベルト　137

【著者紹介】

## ピーター・ブラベック-レッツマット（Peter Brabeck-Letmathe）

ネスレ名誉会長。1968年、アイスクリームの販売担当者、プロダクトマネジャーとしてネスレでのキャリアをスタート。チリやエクアドル、ベネズエラで働いた後、スイスのヴェヴェーにある本社へ異動。92年よりエグゼクティブ・バイスプレジデント、97年より最高経営責任者（CEO）、2005年よりCEO兼会長、2008年より会長として、約20年にわたり世界最大の食品グループを率いる。2001年には「食品メーカー」から「栄養・健康・ウェルネス企業」への転身を宣言。ヘルスケア分野に事業領域を拡げ、新たな食企業への変革に挑む。2017年より現職。世界経済フォーラム（ダボス会議）の最高意思決定機関であるファンデーション・ボードの副議長も務める。

【訳者紹介】

## 小川 敏子（おがわ・としこ）

翻訳家。東京生まれ。慶應義塾大学文学部英文学科卒業。小説からノンフィクションまで幅広いジャンルで活躍。訳書に、ジェシー・ニーレンバーグ『話し方の心理学』、ルース・ドフリース『食糧と人類』、クレオ・コイルの「コクと深みの名推理」シリーズなどがある。

# 食品産業の未来　ネスレの挑戦

2021年4月16日　1版1刷

著　者　ピーター・ブラベック-レッツマット
訳　者　小川敏子
発行者　白石　賢
発　行　日経BP
日本経済新聞出版本部
発　売　日経BPマーケティング
〒105-8308　東京都港区虎ノ門4-3-12
装　幀　松田行正
DTP　タクトシステム
印刷・製本　中央精版印刷
ISBN978-4-532-32393-6